高职高专通信技术专业"十三五"规划教材

LTE 网络优化项目式教程

崔雁松　主　编

西安电子科技大学出版社

内容简介

本书针对国内大部分高职院校实际的实验实训软硬件条件，结合作者在天津联通公司和成都智翔公司的企业实习经验以及三年的课程教学经验，根据目前 LTE 网络运营现状，参照通信工程公司实际网络优化前台测试及后台分析工作岗位需求，组织全书内容。本书讲述了 LTE 网络优化的参考技术指标、主要内容、方法和手段等，介绍了网络优化常用软硬件工具的使用方法，并以案例形式介绍了网络优化数据分析方法和网络优化报告的撰写方法，强调培养学生的实际动手操作能力和问题分析能力。

本书基于作者多年的教学经验编写而成，图文并茂，突出实用，适合高职院校"教—学—做"一体化的教学过程，可作为高职院校通信类专业的教学用书，也可供相关专业工程技术人员参考使用。

图书在版编目(CIP)数据

LTE 网络优化项目式教程/崔雁松主编. —西安：西安电子科技大学出版社，2018.4
ISBN 978 - 7 - 5606 - 4844 - 6

Ⅰ. ①L… Ⅱ. ①崔… Ⅲ. ①无线电通信—移动网—教材 Ⅳ. ①TN929.5

中国版本图书馆 CIP 数据核字(2018)第 029018 号

策划编辑	马乐惠
责任编辑	马静　阎彬
出版发行	西安电子科技大学出版社(西安市太白南路 2 号)
电　话	(029)88242885　88201467　　邮　编　710071
网　址	www.xduph.com　　　　电子邮箱　xdupfxb001@163.com
经　销	新华书店
印刷单位	陕西天意印务有限责任公司
版　次	2018 年 4 月第 1 版　　　　2018 年 4 月第 1 次印刷
开　本	787 毫米×1092 毫米　　1/16　印张　16
字　数	377 千字
印　数	1～3000 册
定　价	33.00 元

ISBN 978 - 7 - 5606 - 4844 - 6/TN

XDUP　5146001 - 1

前 言
PREFACE

　　2013 年和 2014 年，工业和信息化部先后正式批准了中国三家通信运营商进行 TD－LTE 和 FDD－LTE 混合组网实验，意味着 4G LTE 牌照的正式发放。随着 LTE 网络的建设和商用，LTE 系统的网络优化工程接踵而至。众所周知，为了获得优良的网络性能和高等级的通信质量，网络优化是必需的手段。网络优化是与网络工程施工建设几乎同步实施的，是只要有网络运营就必须同时进行的工程项目。网络优化对于验证网络规划和工程建设质量也起着积极作用。因此，网络优化工作意义深远，但同时也复杂而艰巨。由于在体系架构、组网方式、关键技术等方面的不同，LTE 网络优化与 2G、3G 网络优化既有相同点又有自己的特点。相同的是宏观优化思路，如都需要进行覆盖优化、干扰排查、参数调整等；不同的是具体的优化方法、优化对象和优化参数。

　　本书共分六个项目。项目一首先让学生认识到网络优化的重要性，同时对 LTE 网络优化工作中的主要内容、流程和手段有初步的了解，重点掌握几个网络优化重要概念。项目二介绍了网络优化各种硬件测试工具的特点、作用和基本使用方法。项目三训练学生掌握各种前台路测软件和后台分析软件的基本使用方法及软硬件对接的方法。项目四介绍了前台测试指标、测试用工参表，然后训练学生利用测试软、硬件分别完成室内外单站优化和不同的区域优化等实际的优化测试任务。项目五利用后台分析软件教给学生后台数据分析的方法，并通过诸多实际案例强化学生的问题定位、分析和解决的能力。项目六以多个实际网络优化报告为参考，介绍了网络优化报告的撰写规范和撰写方法。

　　由于学习 LTE 网络优化要用到大量的 LTE 系统的相关知识，所以，为了获得更好的学习效果，建议学生在学习 LTE 系统相关课程后再学本课程。

　　本书在编写过程中得到了大唐移动康增辉、中兴通讯邬中正、山东邮电工程公司卢龙龙和北京金戈大通呼群等工程师的技术支持和帮助，在此表示诚挚的谢意！

　　由于编者时间和能力有限，书中难免有欠缺和不足之处，恳请广大读者批评指正。联系邮箱：yansong.cui@126.com。

编　者

2017.10

目 录
CONTENTS

项目一 初识 LTE 网络优化

项目一 初识 LTE
网络优化.pptx

任务 1.1 网络优化的定义和原则

所谓网络优化，就是在有限的资源和设备条件下，根据系统的实际表现和实际性能，对系统进行分析和问题排查，通过对网络资源和系统参数的调整，提高资源的利用率，使用户获得满意的服务质量，使系统性能逐步得到改善，最终提高投资收入比。

实际工作中，系统的实际表现和实际性能可以从两个方面获取。一是前台测试，即网络优化测试人员携带着测试设备到现场进行测试，获取测试数据，发现网络问题；二是后台网管，即网络管理工程师实时观察并定期从网管后台中提取相关数据，分析发现问题，获知网络性能。网络优化实际工作场景如图 1-1 所示。对于前台测试获取的数据还要在返回后进行后台数据分析，排查定位问题并提出网络优化方案。网络优化调整根据实际情况可能通过网管后台就能完成，也可能需要工程师到现场进行基站、传输等设备的调整，甚至可能需要协同工程建设单位及网络规划设计单位共同进行，但都要进行现场复测，以确保网络问题确实已经解决。由于网络容量、用户数量、业务类型等都处于不断变化中，系统状态和性能也会随之而变化，所以网络优化工作要一直进行，直至网络退出服务。本书主要侧重于前台测试和后台测试数据分析部分的讲述，关于后台网管操作请参见其他书目。

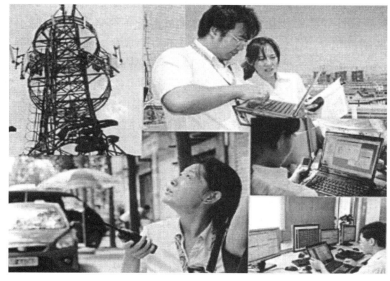

图 1-1　网络优化实际工作场景

无线网络优化的原则：在一定的成本和满足网络服务质量的前提下，建设一个容量和覆盖范围都尽可能大的网络，并适应未来网络发展和扩容的要求。LTE 网络优化的工作思路是首先做好覆盖优化，在覆盖能够保证的基础上进行业务性能优化，最后进行整体网络优化。

整体网络优化的原则包含以下四个方面：

- 最佳的系统覆盖；
- 合理的邻区优化；
- 系统干扰最小化；
- 均匀合理的基站负荷。

任务 1.2　移动网络优化的重要性

移动通信的网络建设主要经历网络规划、工程建设和网络优化三个阶段。移动网络能够稳定、高效地运行与这三个阶段建设、实施的好坏息息相关。需要强调的是，为了加快移动网络建设进度，移动运营商往往将网络优化与工程建设同步进行，即在移动核心网和一部分移动通信基站建成之后立即同步开始网络优化工程。因此网络优化又分为初期工程验证性的网络优化和日常维护性的网络优化两种。移动通信网络建设经历阶段的示意图如图 1-2 所示。

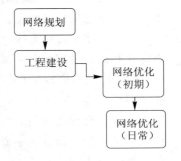

图 1-2　移动通信网络建设经历的三个阶段

初期工程验证性的网络优化，是在设备按工程设计要求安装完毕后进行的，主要目的是实现网络规划目标，发现网络在覆盖、业务质量等方面存在的问题，通过单站验证、系统优化等技术手段对网络工程参数和系统参数进行调整，以减少工程建设对网络性能的影响，消除网络建设和网络规划存在的不一致性，从而保证网络建设的质量，使网络达到最佳运行状态。初期工程验证性的网络优化是保证网络质量、提高网络资源利用效益的关键一环。日常维护性的网络优化，是在移动通信工程建设基本完成后，随着用户数量和业务种类的变化，长期地、动态地调整系统参数和网络工程参数，从而使网络动态地达到最佳运行状态的日常工作。也就是说，只要某种移动通信网络存在，对其进行的日常维护性网络优化就要一直进行。

作为网络优化工程人员必须不断地总结网络优化经验，确保网络优化工作的持续开展，不断提高网络质量和优化水平。

任务 1.3　LTE 网络优化中的几个重要概念

为了做好 LTE 网络优化，必须要了解相关的几个重要的概念。

1. 天线的方位角和下倾角

1）天线方位角

LTE 基站大多由三个扇区构成。方位角是区分三个扇区的重要指标。一般以正北为

0°，顺时针旋转，遇到的第一个、第二个和第三个扇区依次命名为扇区 1、扇区 2 和扇区 3。每个扇区的主覆盖方向与正北之间的夹角即为每个扇区的方位角，也称方向角，如图 1-3 所示。

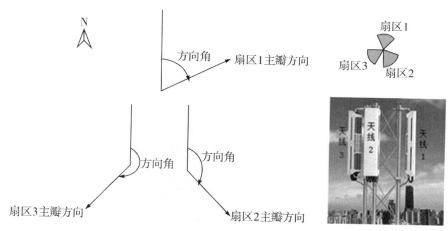

图 1-3　天线方位角

天线方位角对移动通信的网络质量非常重要。一方面，准确的方位角能保证基站的实际覆盖与所预期的相同，保证整个网络的运行质量；另一方面，依据话务量或网络存在的具体情况对方位角进行适当的调整，可以更好地优化现有的移动通信网络。

2）天线下倾角

天线下倾角也称倾角、俯仰角，它反映了基站天线向哪个方向发射的电波最强。下倾角的定义为：天线波束主方向与水平面之间的夹角，如图 1-4 所示。图中，α 为天线下倾角，β 为天线垂直波束宽度（$\beta/2$ 为半功率角），H 为天线挂高，S 为基站覆盖半径。它们之间的关系为

$$\alpha = \arctan \frac{H}{S} + \frac{\beta}{2} \tag{1-1}$$

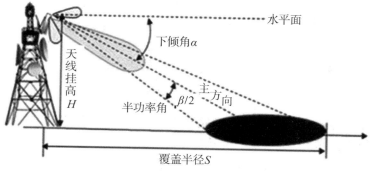

图 1-4　天线下倾角

天线下倾角由机械下倾角和电下倾角两部分构成。定向天线的下倾角可以通过改变机械下倾角和电下倾角来实现；全向天线只能改变电下倾角。天线下倾角是网络规划和优化中的一个非常重要的指标。选择合适的下倾角，可以使天线至本小区边界的电磁波与周围小区的电磁波能量重叠得尽量小，从而使小区间的信号干扰减至最小；另外，可选择合适

的覆盖范围，使基站实际覆盖范围与预期的设计范围相同，加强本覆盖区的信号强度。

2. 几种网络覆盖情况

1）重叠覆盖

在移动通信网络中，由于每个基站的覆盖图形基本都为圆形或椭圆形，因此为了保证所有区域都被覆盖到，邻区之间必然存在重叠覆盖的区域，如图1-5所示。这个重叠区域不能太大，否则就是过覆盖，会造成基站资源浪费或者基站间的强干扰；也不能太小，否则可能出现覆盖不到的地方或者弱覆盖区域。

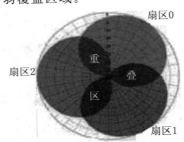

图1-5 重叠覆盖

为了便于判断，定义了重叠覆盖度的概念。重叠覆盖度以手机终端接收到的主服务小区与邻小区信号强度的差值来衡量。若邻小区与主服务小区信号强度差值大于6 dB，则重叠覆盖度为0，是覆盖的理想情况。若只存在一个邻小区与主服务小区信号强度差值小于6 dB，则重叠覆盖度为1，这是一般的情况。若存在两个邻小区与主服务小区信号强度差值小于6 dB，则重叠覆盖度为2。以此类推。当重叠覆盖度≥2时，该区域的业务就可能因重叠覆盖过多而受到影响。

2）弱覆盖

弱覆盖指基站所需要覆盖的面积大，但基站间距过大，导致站间的边界区域信号强度较弱的情况。在LTE网络优化中，最直观反映覆盖信号强弱的指标是参考信号接收强度（RSRP）。当测得某区域的RSRP值低于一定门限值时，就认为该区域为弱覆盖区域，必须通过网络优化手段进行调整和改善。

3）覆盖盲区

覆盖盲区指无线信号覆盖不到的区域。覆盖盲区是无线网络优化首要解决的问题。在室分站优化中，由于站点数量和无线信号穿透能力有限，覆盖盲区问题尤其突出。

4）覆盖空洞

覆盖空洞的定义为：连续的弱覆盖区域或覆盖盲区。产生覆盖空洞的可能原因有：

- 隧道、天桥、地下室等区域不容易被覆盖到所导致；
- 呼吸效应（在CDMA系统中，小区覆盖半径随着用户数量和业务情况而变化）导致；
- 设备故障导致；
- 网络结构不合理导致。

图1-6所示为一个覆盖空洞的示例。由图可见，其产生原因是由于两个建筑物对两个邻基站信号的遮挡。

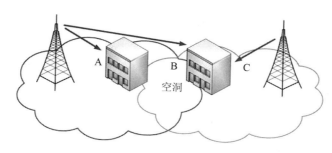

图 1-6 覆盖空洞

5）过覆盖

过覆盖指重叠覆盖区域过大。过覆盖会导致信令拥塞或者干扰过大，进而引起漏话、掉话或频繁切换等问题。过覆盖有越区覆盖和孤岛效应两种。

（1）越区覆盖。越区覆盖指由于基站天线挂高过高或者下倾角过小引起的该小区覆盖距离过远，从而超越应有覆盖区域，覆盖到其他站点覆盖区域并且在该区域 UE 接收到的信号电平较好的情况。越区覆盖一定是过覆盖，但过覆盖不一定是越区覆盖，有可能是孤岛效应。

越区覆盖的判别方法：在确定由扇区 B 覆盖的地方，锁定扇区 A 信号，进行测量，当测得的信号 $RSRP_A - RSRP_B \geqslant 3dB$ 时，认为扇区 A 越区覆盖扇区 B 的覆盖区域。

（2）孤岛效应。所谓孤岛效应，是指在无线通信系统中，因为复杂的无线环境，无线信号经过山脉、建筑物、大气层的反射、折射，基站安装位置过高以及波导效应等原因，引起在远离本小区覆盖的区域外形成一个强场区域。如图 1-7 所示，小区 D 因为某种原因在相距很远的小区 A 覆盖区域内产生 D 基站的强信号区域，由于这个强信号区域超出 D 小区实际覆盖范围，往往这一区域没有和周围小区配备邻区关系，从而形成孤岛，对 A 小区产生干扰，或在孤岛区域起呼的 UE 无法切换到 A 小区，产生掉话。

图 1-7 孤岛效应

孤岛效应与越区覆盖同为过覆盖，但孤岛效应为非连续覆盖，而越区覆盖的覆盖是连续的。

6）无主导小区

LTE 网络中的无主导小区即 2G/3G 网络中的导频污染。LTE 网络中无主导小区的判别条件是：三个以上的小区交叠覆盖一片区域，位于此区域的终端可以同时接收多个小区信号，且信号强度均大于－85 dBm；终端测得的各小区中最高的信号强度与最低的信号强度差值不大于 6 dB。

无主导小区会带来如下问题：

· 底噪抬升；

· 频繁切换或重选；

· 起呼失败；

· 切换失败。

3. 乒乓切换

乒乓切换是指在邻近的小区覆盖交叉区域，由于两个小区的信号强度差不多，手机会在两者之间频繁地进行切换。乒乓切换很浪费系统的资源。

产生乒乓切换的原因有：

① 主导小区变化快，即两个或者多个小区交替成为主导小区，每个小区成为主导小区的时间都很短。

② 无主导小区，即存在多个小区，RSRP 正常而且相互之间差别不大，每个小区的 SINR 都很差。从信令流程上看，一般可以看到一个小区刚刚删除，然后马上要求加入，此时收不到 eNB 下发的活动集更新命令，导致切换失败。

乒乓切换的解决方法：可以调整天线使覆盖区域形成有主导小区，也可以修改切换参数来减少乒乓切换的发生。

4. 塔下黑

塔下黑又称"塔下阴影"，是指基站正下方没有信号覆盖的现象（覆盖空洞）。塔下黑一般处在天线辐射方向图下方第一个零陷或第二个零陷及其附近区域。

造成塔下黑的原因是天线本身的构造问题（半波阵子结构），因此是天线内在固有的缺陷，一般通过做零点填充的方法来克服。塔下黑示意图如图 1-8 所示。

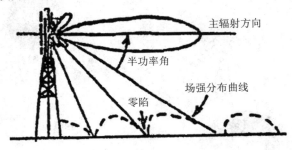

图 1-8 塔下黑

5. 插花站点

"插花站点"的说法源于 GSM 网络。在 GSM 网络中，若一个基站的 LAC 码和周围基站的 LAC 不一样，这样的基站就称为插花站点。随着网络的发展，在现在的网络建设中，在已经建成并优化好的网络中增加的基站也称为"插花站点"。建设插花站点可以弥补覆盖盲区，从而更好地完成对目标地区的覆盖。建设插花站点具有对现有网络设备不需要做改动和调整或只需做较小改动和调整、建设周期短、速度快的优点。

但是，插花站点一定要设置合理。一个基站若设为插花站点，则其 LAC 与周围不一样，发生切换时就需要进行位置更新，位置更新越多，信令越多，越容易引起相关小区信令信道拥塞，接通率和掉话率也会受影响。

在某些特殊情况下，尤其需要插花站点，比如：在高铁附近，为了保证高铁切换较少，覆盖高铁的站点基本都是插花站点。如图 1-9 所示为某高铁附近一段区域的 TAC 标识，其中 TAC=8530 的那些站区即为该高铁的行进路线，周围站点的 TAC 均不是 8530。

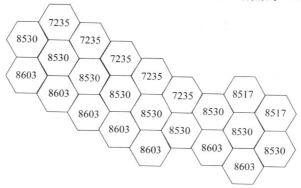

图 1-9　高铁区域的插花站点

6. 模三干扰

LTE 协议规定空口物理小区标识 PCI 由两个部分组成：小区组 ID 和组内 ID。小区组有 168 个（0～167），每个小区组由 3 个 ID（0、1 和 2）组成，因此共有 168×3=504 个独立的 PCI。小区组 ID 由辅同步信道（SSCH）中的辅同步码（SSC）携带；组内 ID 由主同步信道（PSCH）中的主同步码（PSC）承载。PCI 的构成公式为

$$PCI = PSC + SSC \times 3 \tag{1-2}$$

PCI 构成如图 1-10 所示。

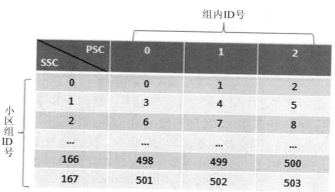

图 1-10　PCI 的构成

手机开机完成小区初始搜索的过程就包含确定小区 PCI 的过程。小区搜索流程确定了采用小区 ID 分组的形式，首先通过辅同步信道 SSCH 确定小区组 ID，再通过主同步信道 PSCH 确定具体的组内 ID，从而确定所属主服小区的 PCI 值。

由公式（1-2）可知，PCI 模三所得值即为主同步码 PSC。由手机的小区搜索过程可知，相邻小区不止 PCI 不能相同，其主同步码 PSC（即 PCI 的模三值）也不能相同。若存在相同的情况，手机就不能正确完成开机搜索过程，这种情况就称为模三干扰。对于开机处于移

动状态的手机来说，若待切换的候选邻区中存在相同 PSC 的情况，也会导致该手机不能正常实现切换，这也是模三干扰的表现。模三干扰的示例如图 1-11 所示。图中，手机处于 PCI＝132 和 PCI＝66 两个小区的邻接区域中，由于两个小区的 PCI 值模三后都为 0，所以存在模三干扰。网络优化中，需要调整这两个小区中的一个小区的 PCI 值。

图 1-11 模三干扰示例

除了模三干扰之外，LTE 网络中还有模六干扰和模 30 干扰的说法。

在同一个发射天线下，在时域位置固定的情况下，小区专用下行参考信号在频域有 6 个频移（即每隔 6 个 RE 的位置有一个 RS），如图 1-12 所示。如果 PCI mod 6 值相同，会造成下行 RS 的相互干扰，就称为模六干扰。图 1-11 示例中的三个小区除存在模三干扰外，也存在模六干扰。

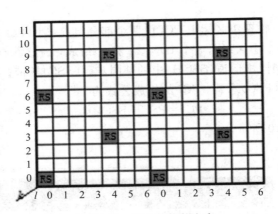

图 1-12 模六干扰的由来

在 PUSCH 信道中携带了 DM-RS 和 SRS 信息，这两个参考信号对于信道估计和解调非常重要。它们是由 30 组基本的 ZC 序列构成的，即有 30 组不同的序列组合。如果相邻小区的 PCI mod 30 值相同，则会使用相同的 ZC 序列，就会造成上行 DM-RS 和 SRS 的相互干扰，即模 30 干扰。图 1-11 所示的两个邻区既存在模三干扰，也存在模六干扰，但不存在模 30 干扰。图 1-13 所示的两个邻区三种干扰都存在。

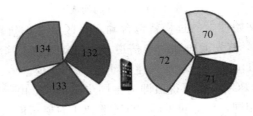

图 1-13 模 30 干扰示例

7. PRACH、前导码和根序列

LTE 网络的每个小区有 64 个前导码(Preamble 码),用户通过随机选择或者由基站分配的方式选择其中之一,在 PRACH 中发送,以实现随机接入。

前导码是由 ZC 序列通过循环移位(Ncs)构成的。为了表示方便,每个 ZC 序列对应一个根序列索引。LTE 系统中共有 838 个 ZC 序列,Ncs 取值有 16 种。

必须合理分配 ZC 根序列索引以保证相邻小区使用该索引生成的前导码不同,从而降低相邻小区使用相同的前导码而产生的相互干扰。

8. LTE 下行传输模式

LTE 系统的基站采用了 MIMO 多天线技术,其下行能够实现多种传输模式(简称 TM),以适应不同场景下终端移动速度和数据速率的需求,具体如表 1-1 所示。其中,现网主用传输模式:单流时为 TM2 和 TM7;双流时为 TM3 和 TM8。由表 1-1 可见,系统的传输模式设置不合理将直接影响到用户终端设备的数据速率及通信质量。

表 1-1　LTE 下行传输模式

LTE 版本	传输模式	模式名称	模式特点	支持的移动性	数据速率	在小区中的位置	天线端口
R8	TM1	单天线端口	普通单天线(Port0),无多天线的增益,只是作为其他传输模式的性能参考	高	低	边缘	Port0
	TM2	开环发射分集	2 天线时采用 SFBC,4 天线时采用 SFBC+FSTD,可以提高覆盖性能	高/中	低	边缘	不固定
	TM3	开环空间复用	UE 只反馈 RI,不反馈 PMI;对信噪比要求较高。RI=1,改用发射分集;RI=2,采用 CDD 编码空间复用	高/中	中/低	中心/边缘	不固定
	TM4	闭环空间复用	UE 需反馈 RI 和 PMI;对信道估计要求高,对时延敏感	低	高	中心	不固定
	TM5	多用户 MIMO	提高小区容量和吞吐量;SFBC+FSTD	低	高	中心密集区	不固定
	TM6	码本波束赋形	针对 FDD,"闭环单流(RI=1)预编码"	低	低	边缘	不固定
	TM7	非码本波束赋形	针对 TDD,单流(RI=1),无需 UE 上报 RI 和 PMI,可以让 UE 上报 UE 特殊 RS 估计出的 CQI(Port5)	低	低	边缘	Port5
R9	TM8	双流波束赋形	双流(RI=2)	低	高	边缘或其他	不固定
R10	TM9	MIMO 增强	支持最大 8 层传输,主要为提高数据传输速率	低	高	中心	不固定

注:SFBC(空频块编码)、FSTD(频率交换发送分集)和 CDD(循环延迟分集)都是 LTE 系统 MIMO 技术实现所采用的数据编码方法。

RI(矩阵秩指示)、PMI(预编码矩阵指示)和 CQI(信道质量指示)是 LTE 系统用户终端向基站反馈的三类指示信息。

9. UE 能力等级

不同的 UE 具有不同的网络支持能力，为此，3GPP 将 LTE 网络中的 UE 划分为不同的等级。这里仅给出不同等级的 UE 在下行方向上的网络支持能力，如表 1-2 所示。有的手机设置中可以查看到相关的等级（cat）信息，如图 1-14 所示。若网优工程师接到客户投诉，投诉内容为个人的 UE 始终存在速率低的问题，则首先应排查的是其 UE 能力等级问题。

表 1-2　下行 UE 能力等级

LTE 版本	UE 等级分类	在一个 TTI 时间内下行共享信道支持的最大传输块比特数	在一个 TTI 时间内每个下行共享信道传输块所支持的最大比特数	软信道比特总数	空间复用所支持的最大层数
LTE R8	Category 1	10 296	10 296	250 368	1
	Category 2	51 024	51 024	1 237 248	2
	Category 3	102 048	75 376	1 237 248	2
	Category 4	150 752	75 376	1 827 072	2
	Category 5	299 552	149 776	3 667 200	4
LTE R10	Category 6	301 504	75 375(2 层) 149 776(4 层)	3 654 144	2 或 4
	Category 7	301 504	75 375(2 层) 149 776(4 层)	3 654 144	2 或 4
	Category 8	2 998 560	299 856	35 982 720	8
LTE R11	Category 9	452 256	75 375(2 层) 149 776(4 层)	5 481 216	2 或 4
	Category 10	452 256	75 375(2 层) 149 776(4 层)	5 481 216	2 或 4

图 1-14　某手机网络设置页面

任务 1.4 LTE 网络优化的特点和问题

1.4.1 LTE 移动网络优化的特点

无论是之前的 2G 或 3G 网络,还是现在的 LTE(3.9)和 4G 网络,每一代移动网络因网络架构不同和技术差异等原因,其网络优化也各有特点。任何制式无线网络的优化,干扰控制都是核心内容,而干扰可以分为系统外干扰和系统内干扰。LTE 作为在现有移动网络基础上引入的新一代移动通信技术,在无线网络优化方面,要实现有效的干扰控制,整体来说,将面临更大的挑战。

(1)从系统外干扰来看:由于多运营商多个 LTE 系统以及两种体制(FDD 和 TDD)的同时引入,并叠加在现有的 2G/3G 网络上,将使得本已非常复杂的无线环境进一步恶化。LTE 与 2G/3G 各制式间以及与其他运营商 LTE 系统间的共站或共存所需要的隔离度问题,需要在建网前期方案审核阶段及建网后无线网络优化过程中,特别是工程优化阶段给予更多的关注。

(2)从系统内干扰来看:GSM 系统内干扰主要通过频率规划来解决,WCDMA 系统内干扰可通过软切换机制来缓解,而 LTE 系统因一般基于同频组网、采用硬切换机制且存在特有的模三干扰,不可避免地成了一个典型的"邻区干扰系统",因此 LTE 系统对于覆盖的控制要求更高,应在满足切换要求的基础上尽量减少重叠覆盖、规避过覆盖,这就对站址选择、天线的布局以及天馈参数的设置等提出了更高的要求。也就是说,LTE 对无线网络结构的优化提出了更高的要求。而无线网络结构很大程度上是在网络规划和建设阶段确定的,因此,除了在工程优化阶段针对网络结构进行重点关注外,在建网前期工作中,网优部门的提前介入、做好方案的把关工作,对于缓解后期优化的压力和极大地提高网络优化效率也显得至关重要。

此外,由于技术本身的特点以及相关新技术的引入,使得 LTE 在具体优化内容上会有一些新的关注点,主要包括:

① 模三干扰优化是 LTE 独有的,该特点也决定了 LTE 对于干扰控制、多扇区设计、越区覆盖的优化等要求较高;

② LTE 引入 MIMO 后,除通常的覆盖和干扰指标外,MIMO 模式决定了用户能够达到的峰值吞吐率,需要特别关注;

③ 对于中国联通和中国电信的网优队伍来说,TD-LTE 的引入,也带来了与 TDD 相关的一些新的内容,如时隙配比、特殊时隙配置、智能天线优化以及 TDD-FDD 协同优化等;

④ 由于 LTE 是纯数据网络,语音业务基于 CSFB 和 SRVCC 等机制来实现,因此 CSFB 的测试与优化需要重点考虑。

1.4.2 LTE 移动网络优化的主要问题

LTE 网络优化问题主要体现在如下六个方面。

1. 弱覆盖问题

指标：弱覆盖度（指某区域中测得的 RSRP 小于某一阈值门限的采样点数与总采样点数的比值）。

原因：基站硬件故障、邻区漏配、室外宏站覆盖室内不足、孤立小区、小区物理边缘。

影响因素：硬件故障、邻区配置、发射功率、站址结构、天线权值、方位角、下倾角。

2. 干扰问题

（1）上行干扰：

指标：eNB 接收干扰功率、平均干扰抬升。

原因：GPS 失步、子帧或时隙配比不一致、高发射功率的 UE 过多、异系统/外部干扰。

（2）下行干扰：

指标：SINR、调制编码等级、误块率。

原因：重叠覆盖、PCI 模三干扰、子帧配比不一致、异系统/外部干扰。

3. 接入问题——接入性

指标：RRC 连接建立成功率、E－RAB 建立成功率。

原因：基站硬件故障、弱覆盖、覆盖空洞、上行/下行干扰、网络负荷过高引起的无线资源不足。

4. 掉线问题——保持性

指标：E－RAB 掉线率。

原因：弱覆盖、干扰、切换、网络负荷过高。

5. 切换问题——移动性

指标：切换成功率和切换时延。

类型：切换成功率过低、过早切换、过晚切换、乒乓切换、切换时延过大。

原因：弱覆盖、上行/下行干扰、切换参数设置、邻区配置、网络负荷。

6. 业务质量问题

指标：小区吞吐量、用户速率、丢包率、接入时延。

原因：弱覆盖、上行/下行干扰、参数设置（传输模式、异频测量参数、切换参数等）、硬件故障、终端问题。

任务 1.5　LTE 网络优化内容

如前所述，移动网络优化分为初期工程验证性的网络优化和日常维护性网络优化两种。初期工程验证性的网络优化简称工程优化，主要是对移动通信网络已建成基站进行各种测试，结合后台网管系统，对系统参数和基站工程参数进行调整。本教材主要介绍工程优化的技术和方法，日常维护性网络优化技术与此类同。

LTE 网络优化的内容由规划到优化、由无线端到全网、由初步到深入主要包括五个方面的内容：PCI 合理规划与优化、干扰排查、天线的调整及覆盖优化、邻区规划及优化和系统参数优化。

1. PCI 合理规划与优化

LTE 的物理小区标识(PCI)是用来区分不同小区的无线信号,其作用有点类似于扰码在 3 G 网络中的作用。因此规划的目的也类似,就是必须保证复用距离,即在相关小区覆盖范围内没有相同的 PCI。某区域基站 PCI 规划布局如图 1 - 15 所示。

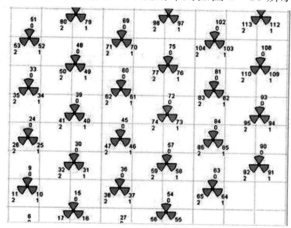

图 1 - 15　某区域基站 PCI 规划布局

LTE PCI 规划的原则:

(1) 无冲突(collision - free)原则。无冲突原则简言之就是相邻两个小区的 PCI 不能相同。

假如两个相邻的小区分配相同的 PCI,则会导致重叠区域中至多只有一个小区会被 UE 检测到,而小区初始搜索时只能同步到其中一个小区,但该小区不一定是最合适的,称这种情况为冲突(collision)。

所以在进行 PCI 规划时,需要保证同 PCI 小区的复用距离至少间隔 4 层站点以上(参考 CDMA PN 码规划的经验值),大于 5 倍的小区覆盖半径。

(2) 无混淆(confusion - free)原则。无混淆原则简言之就是同一个小区的所有邻区中不能有相同的 PCI。

假设一个小区的两个相邻小区(A 和 B)具有相同的 PCI,则当 UE 请求切换到其中的某个小区(A 或 B),基站却不知道哪个为目标小区,这种情况为混淆(confusion)。

无混淆原则除了要求同 PCI 小区有足够的复用距离外,此外为了保证可靠切换,要求每个小区的邻区列表中所有小区的 PCI 不能相同,同时规划后的 PCI 也需要满足在二层邻区列表中的唯一性。图 1 - 16 所示为某路测软件中手机测试邻区信息窗口的截图。图中能够观察被测试主服小区的邻区有哪些、相距距离、PCI 值、信号质量(RSRP)值等。

Name	Distance	EARFCN	PCI	RSRP
0121 广州中华墓园HE2	0.224	38100	153	-94
0173 广州大观路HE1	0.303	38100	98	-93
0121 广州中华墓园HE1	0.224	38100	154	-95
0117 广州广美香满楼公司HE1	0.813	38100	187	-95
		38100	324	-101

图 1 - 16　某路测软件中手机测试邻区信息窗口

（3）邻小区导频符号（RS）频域位置错开最优化原则。LTE 导频符号在频域的位置与该小区分配的 PCI 码相关，通过将邻小区的导频符号的频域位置尽可能地错开，可以一定程度降低导频符号相互之间的干扰，进而对网络整体性能有所提升（验证结果表明，在 50% 小区负载下，通过错开邻区导频符号位置，导频 SINR 有大约 3 dB 左右的提升）。实际网络中，依据 PCI 模三的结果（0、1 或 2）来确定第一个 RS 的位置。天线单端口（Port0）模式下 PCI 模三结果依次为 0、1 和 2 时的 RS 分布图分别如图 1-17(a)、(b)、(c)所示（图中，RS 用 R0 标示）。

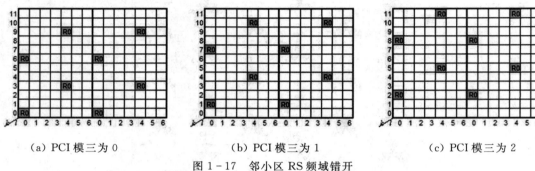

（a）PCI 模三为 0　　　　　　（b）PCI 模三为 1　　　　　　（c）PCI 模三为 2

图 1-17　邻小区 RS 频域错开

（4）为了实现简单和便于扩展，一般采用的规划原则为：同一站点的 PCI 分配在同一个 ID 组内；相邻站点的 PCI 在不同的 ID 组内，且相邻小区的 PCI 模三后的余数不等（即主同步码 PSC 不能相同）。具体来讲，对于三扇区的基站，三个小区按照顺时针方向从正北方向开始，组内 ID 分别配置为 0、1 和 2。根据实际网络的拓扑结构计算邻区关系，然后根据邻区关系为所有相邻基站小区分配不同的小区组 ID 并在整网复用，复用距离尽量远。

（5）对于存在室内覆盖场景时，需要单独考虑室内覆盖站点的 PCI 规划。

2. 干扰排查

LTE 网络中的干扰一般分为两大类：一类是系统内自身设备原因引起的干扰，例如 GPS 跑偏、RRU 工作不正常等；另一类是系统间干扰或规划不合理引起的干扰。这两类干扰都会直接影响网络质量。因此，在网络优化初期，首先应该进行干扰排查，消除设备故障或外部干扰影响，为后续网络优化排除基本隐患。

按照干扰底噪门限的不同，LTE 网络中的干扰划分为 4 个等级，如表 1-3 所示。对于无干扰和轻微干扰，LTE 网络可以允许。因此，LTE 干扰排查主要针对的是底噪 ＞−110 dBm 的中等干扰和强干扰。

表 1-3　LTE 网络中的干扰等级

小区噪声平均值	干扰等级
$x < -116$ dBm	无干扰
$-116 < x \leqslant -110$ dBm	轻微干扰
$-110 < x \leqslant -100$ dBm	中等干扰
$x > -100$ dBm	强干扰

针对不同的干扰，解决的思路如下：

- 对于设备原因引起的干扰，可以通过设备排障手段解决。
- 对于外部干扰或规划不合理引起的干扰，一旦发现后，应及时调整网络或通知运营商、网络规划单位等进行协调解决。
- 无法明确外部干扰源的情况下，在网络初期优化的过程中，可以通过逐个关闭受干扰基站附近 1～2 圈站点的方法，逐个进行排查。

系统间的干扰可以分为阻塞干扰、杂散干扰、谐波干扰和互调干扰等类型，各种干扰的概念如下：

1）阻塞干扰

当强度较大的干扰信号在接收机的相邻频段注入时，强干扰会使接收机链路中的非线性器件产生失真，甚至饱和，造成接收机灵敏度降低，严重时将无法正常接收有用信号。这种干扰就称为阻塞干扰，如图 1-18 所示。

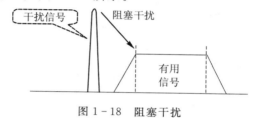

图 1-18 阻塞干扰

2）杂散干扰

由于发射机中的功放、混频器和滤波器等非线性器件在工作频段以外很宽的范围内产生辐射信号分量，包括热噪声、谐波、寄生辐射、频率转换产物和互调产物等。当这些辐射信号落入接收机频段范围内时，将导致该接收机的底噪抬升，灵敏度下降。这种干扰称为杂散干扰，如图 1-19 所示。

图 1-19 杂散干扰

3）谐波干扰

由于发射机有源器件和无源器件的非线性特性，在其发射频率的整数倍频率上将产生较强的谐波产物。当这些谐波产物正好落于接收机频段内时，将导致该接收机灵敏度下降。这种干扰称为谐波干扰，如图 1-20 所示。

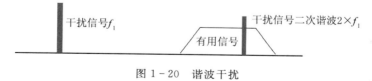

图 1-20 谐波干扰

4）互调干扰

当两个或多个不同频率的发射信号通过非线性电路时，将在多个频率的线性组合频率上形成互调产物。当这些互调产物与接收机的有用信号频率相同或相近时，将导致该接收机灵敏度下降。这种干扰称为互调干扰，如图 1-21 所示。

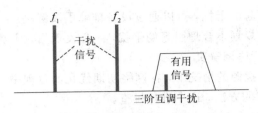

图 1 - 21　互调干扰

产生以上干扰的主要因素包括频率因素、设备因素和工程因素。图 1 - 22 给出了引起各种类型干扰的原因。

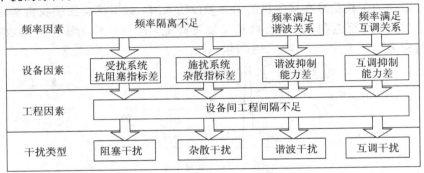

图 1 - 22　引起各种类型干扰的原因

中国移动 LTE 网络室外站点占用的 F 频段和 D 频段常见干扰如表 1 - 4 所示。

表 1 - 4　中国移动 LTE 网络室外站点常见干扰

F 频段常见干扰	D 频段常见干扰
DCS1800 杂散干扰	广电 MMDS 干扰
DCS1800 阻塞干扰	CDMA800 三次谐波干扰
DCS1800 互调干扰	
GSM900 谐波干扰	公安机关监控的电源控制箱干扰
其他干扰(小灵通(PHS)、电信 FDD - LTE 等)	

针对这些系统间外部干扰的解决思路如下:

(1) 杂散干扰。

- 增加与 DCS 天线的隔离;
- 加装 DCS 过滤器。

(2) 阻塞干扰。

- 增加与 DCS 天线的隔离;
- 更换 LTE 的 RRU;
- 退至高频频点(1870~1875 MHz)。

(3) 互调干扰。

- 增加与 DCS 天线的隔离;
- 更换 DCS 天馈系统。

（4）谐波干扰。

- 增加与 GSM900 天线的隔离；
- 更换 GSM900 天馈系统。

（5）其他干扰。

- 小灵通（PHS）干扰：上报无线管理委员会，让他们协调关闭造成干扰的 PHS；
- 广播电视信号（MMDS）干扰：该信号在频段 2520～2600 MHz 都存在，带宽 8 MHz，连续发射，上报无线管理委员会；
- 电信 FDD - LTE(1850～1870 MHz)干扰：更换干扰小区的 RRU 设备。

3. 天线的调整及覆盖优化

覆盖是优化环节中极其重要的一环。弱覆盖或过覆盖会导致用户无法接入网络或掉话、切换失败等，严重影响网络质量。针对该问题，工程建设前期可根据无线环境合理规划基站位置、设置天线参数及发射功率，后续网络优化中可根据实际测试情况进一步调整天线参数及发射功率，从而优化网络覆盖、优化网络性能。

解决覆盖问题的思路如下：

1）强弱覆盖情况判断

通过路测设备及软件或者扫频仪可以确定网络的覆盖情况，确定弱覆盖区域和过覆盖区域。一般来说，弱覆盖指的是规划小区边缘的 RSRP＜－110 dBm 的区域；过覆盖指的是在规划小区边缘 RSRP＞－90 dBm 的区域。

2）天线参数调整

调整天线参数可有效解决网络中大部分覆盖问题。天线对于网络的影响主要包括性能参数和工程参数两个方面：

① 性能参数：天线增益、天线极化方式、天线波束宽度。

② 工程参数：天线高度、天线下倾角、天线方位角。

一般在网络规划设计时已根据组网需求确定选择合适的天线，因此天线的性能参数一般不调整，只在后期覆盖无法满足要求、无法增设基站且通过常规网络优化手段无法解决时，才考虑更换合适的天线。例如，选择增益较高的天线以增大网络覆盖。

因此，在网络优化中，天线调整主要是根据无线网络情况调整天线高度、下倾角和方位角等工程参数。例如，弱覆盖和过覆盖主要通过调整天线的下倾角以及方位角来解决。一般来说，弱覆盖应减小下倾角，过覆盖应增大下倾角。

4. 邻区规划及优化

网络中某个小区的邻区过多会影响终端的网络性能，容易导致终端信号测量不准确，引起切换不及时、误切换及小区重选慢等问题；而邻区过少会影响切换，引发孤岛效应等问题。邻区信息配置错误则直接影响网络的正常切换。

针对上述问题，要保证稳定的网络性能，就需要很好地规划邻区。做好邻区规划和优化可使处于小区边界处的手机终端及时切换到信号最佳的邻小区，以保证通话质量和整网的性能。

TD - LTE 与 3G 网络邻区规划原则基本一致，规划时需综合考虑各小区的覆盖范围及站间距、方位角等因素。TD - LTE 邻区关系配置时应尽量遵循以下原则：

- 距离原则：地理位置上直接相邻的小区一般都要设置为邻区；
- 强度原则：对网络做过优化的前提下，信号强度达到了要求的门限值，就需要考虑配置为邻小区；
- 交叠覆盖原则：考虑本小区和邻小区的交叠覆盖面积；
- 互含原则：邻区关系一般要求相互配置为邻区，即 A 小区把 B 作为邻区，则 B 小区也应该把 A 作为邻区；在一些特殊场合，可以要求配置单向邻区。

现网 TD-LTE 邻区关系配置操作步骤如下：

1) 室外宏站系统邻区配置(建议宏站邻区数量控制在 8 个左右)

① 添加本站所有小区互为邻区；

② 添加第一圈小区为邻区；

③ 添加第二圈正打(波束覆盖主方向上的)小区为邻区(需根据周围站址密度和站间距来判断)。

2) 室分站系统邻区配置

① 添加有交叠区域的室分小区为邻区(比如电梯和各层之间)；

② 将低层小区和宏站小区添加为邻区，保证覆盖连续性；

③ 高层如果窗边宏站信号很强，可以考虑添加宏站小区为室分小区的单向邻小区。

邻区的校正优化主要参考以下几个来源来判断：

- 实际的路测；
- 扫频数据；
- 报表统计分析；
- 网络设计的数据。

邻区优化手段主要包括：增加邻小区、设置黑名单、优化邻区覆盖范围等。所谓增加邻小区就是根据路测情况及邻区分布情况，增加用户移动路线上的邻小区关系。由于 LTE 中支持 UE 对指定频点的测量，对于没有配置邻区关系的邻区，UE 也可以自动发现和测量到，并在满足切换事件(如 A3 事件)的情况下上报测量报告，此时如果基站侧没有配置邻区关系且没有开启自动邻区关系(Automatic Neighbor Relationship，简称 ANR)算法，则切换就会失败。对这种没有邻区关系而 UE 自动上报的测量报告进行分析，结合覆盖图，确认该邻区是否应该属于合理的邻区，如果合理则增加邻区关系；如果不合理，则设置为黑名单或者调整该小区的覆盖范围。

5. 系统参数优化

需要进行优化调整的参数主要有覆盖和切换相关参数。

1) 覆盖相关参数

覆盖相关参数主要包括：

- CRS(小区专用参考信号)发射功率；
- 信道的功率配置；
- PRACH(物理随机接入信道)信道格式；
- 控制信道的符号数；
- PDCCH(物理专用控制信道)的 CCE(控制信道粒子)数目。

2）切换相关事件和参数

切换相关的测量事件及测量报告的类型主要包括：

· A1 事件（Event A1）：服务小区信号质量高于一定门限，用于关闭正在进行的异频/异系统测量，在 RRC 控制下激活测量间隙，类似于 UMTS 系统中的 2F 事件。

· A2 事件（Event A2）：服务小区信号质量低于一定门限，用于启动异频/异系统测量，在 RRC 控制下激活测量间隙，类似于 UMTS 系统中的 2D 事件。

· A3 事件（Event A3）：同频/异频邻区质量高于服务小区质量，用于启动基于覆盖的同频切换。

· A4 事件（Event A4）：异频邻区质量高于一定门限，用于启动基于负荷的异频切换。

· A5 事件（Event A5）：服务小区质量低于一定门限且邻区质量高于一定门限，用于启动基于覆盖的异频切换，类似于 UMTS 系统中的 2B 事件。

· B1 事件（Event B1）：异系统邻区质量高于一定门限，用于启动基于负荷的异系统切换，类似于 UMTS 系统中的 3C 事件。

· B2 事件（Event B2）：服务小区质量低于一定门限且异系统质量高于一定门限，用于启动基于覆盖的异系统切换，类似于 UMTS 系统中进行异系统切换的 3A 事件。

切换相关参数主要包括：

· 事件触发滞后因子；

· 事件触发偏移值（如 A3 Offset）；

· 事件触发持续时间（Time to Trig）；

· 邻小区个性化偏移（Q Offset Cell）；

· 事件相关定时器。

关于以上切换事件及其参数的说明如下：

· 切换都是采用基于 RSRP 的测量事件。

· 事件触发滞后因子和事件触发偏移值用于确定服务小区和邻小区的相对 RSRP 门限（一般这个门限为 3 dB），其中事件触发滞后因子为 2 dB，事件触发偏移值为 1 dB。

· Time to Trig 用于调整测量事件的触发时间，避免乒乓切换或过迟切换。对于容易乒乓切换的地方，该值设置大一些；对于过迟切换容易掉话的地方（如切换带有快衰落），该值设置小一些。

· Q Offset Cell 用于调整与某一特定邻区间的测量门限，如希望切换带更靠近目标小区，则此值设置应小于服务小区的 Offset；反之，则此参数值应设置大于服务小区的 Offset。

· 为了保证切换成功率和重建立成功率，建议某些定时器可以设的大一些。

任务 1.6　LTE 工程优化流程

工程优化应从设备安装开始，到初验通过结束，一般包括单站优化、分簇优化、分区优化、不同厂家交界优化和全网优化五个阶段。各个优化阶段的主要工作内容如表 1-5 所示。

表 1-5   工程优化各个阶段的主要工作内容

优化阶段	优化对象	优化内容	备注
单站优化	单个站点	宏站单站功能检查	与基站开通同步进行
		宏站测试数据分析	基站开通后发现问题即进行
		宏站优化调整	基站开通后若干天内
		室分信源功能检查	分布系统和信源已经连接,且所有分布系统施工及调测完毕
		室分单站测试	
		室分优化调整	
分簇优化	簇 1~簇 n	簇优化方案	单簇优化前数周提交簇优化方案
		RF 优化	簇内基站基本建设完成时即开始优化
		指标优化	
分区优化	区域 1~区域 n	区域优化方案	区域优化前数周提交区域优化方案
		指标优化	连片簇优化完成后即开始分区优化
不同厂家交界优化	双方交界区域	边界优化方案	在双方交界基站基本建设完成前数周
		RF 优化	在双方交界处站点成片开通后
		指标优化	
全网优化	整个网络	全网优化方案	区域优化大部分完成之后

工程优化各阶段工作实施全过程通过后台网管控制(简称管控),各本地网按照要求定期上报阶段实施进度,如已完成单站验证的站点数、满足要求的站点数、未满足要求的站点数及原因等,上报具体内容要填写工程优化进度管控表。

1.6.1　工程优化基本流程

LTE 移动通信网络工程优化基本流程如图 1-23 所示,具体流程说明如下。

(1) 在基站施工完成以后,建设单位应组织进行站点工程参数核查,主要包括基站工程参数和天馈参数,并将核查结果如实填写在 LTE 新建宏站入网申请表内,若核查过程中存在问题,应及时整改,然后发起入网申请。

入网申请时需要提交的资料包括:

- 宏站入网申请表或室分入网申请表;
- LTE 宏基站基础信息单;
- LTE 宏基站选站单;
- RCU 基本信息表;
- 基站相关附图。

基站相关基础信息需根据基站工程参数核查或最终整改结果进行调整,以如实反映现状,作为后续工程优化的基本依据。

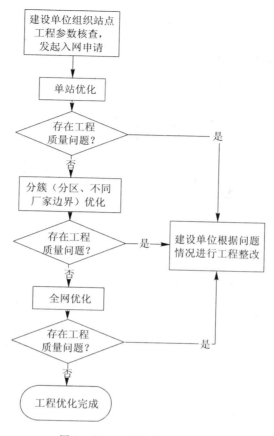

图 1-23　工程优化基本流程

（2）网优单位收到建设单位提交的相关资料后，对资料的完整性、一致性等进行审核，若存在问题，应敦促建设单位补充。审核资料无问题后，即可组织开展工程优化工作，包括单站优化、分簇优化、分区优化、不同厂家边界优化和全网优化等环节，其中单站优化、分簇优化和全网优化是必选环节，分区优化和不同厂家交界优化为可选（根据网络规模、是否存在异厂家交界等实际情况确定）。

（3）在工程优化过程中，若存在因工程质量导致的网络问题，网优单位应记录问题，并将问题及时反馈给建设单位，由建设单位根据问题情况进行整改。工程问题整改流程详见下一节。

（4）工程优化质量应由建设单位与优化单位联合确认。

在以上网络优化的各个基本流程过程中，还穿插有各种类型的专题优化，既包括覆盖优化、掉话优化、切换优化、接入优化、KPI 优化、CSFB 回落等性能方面的专题优化，也包括水面优化、地铁沿线优化、校园优化等针对专门区域的专题优化。

1.6.2　网络优化问题整改流程

LTE 移动通信网络基站工程优化工程问题整改流程一般如图 1-24 所示。工程优化阶段，优化单位应将单站优化、分簇/分区/不同厂家交界优化和全网优化中发现的工程整改类问题提交网络建设单位。网络建设单位根据优化单位提出的整改需求组织实施工程整改。对于工程质量类问题：天馈接反、馈线连接、传输问题等，建设单位直接整改；对于施工与设计方案不符的情况，建设单位直接按原方案整改；对于需要更改建设方案的情况，如：更改天馈高度、安装位置、类型、站点选址等，由建设单位组织设计单位修改建设方案、提交优化单位审核后实施。所有整改工作实施后，应由建设单位与优化单位共同验收通过。

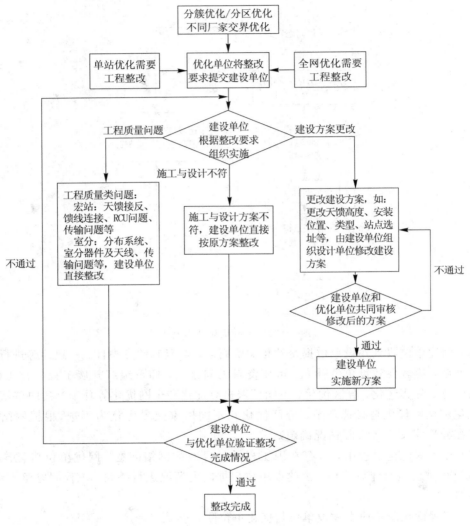

图 1-24　工程问题整改流程

任务 1.7　LTE 网络优化测试手段

LTE 网络优化测试手段包括：路测、拨打测试、扫频测试、网管指标分析和基于全量数据的优化分析系统。其中，前四种为传统手段，都需要一定的人力投入；基于全量数据的优化分析系统是 LTE 网络特有的网络优化测试手段。本节将对这几种网优测试手段进行简要介绍，后面的任务中会有进一步地学习。

1.7.1 路测

路测(Drive Test，DT)是无线网络优化测试的重要手段之一。所谓路测就是外出(前台)借助测试软件、测试终端设备、电子地图、GPS 及测试车辆等工具，沿特定路线针对无线网络的(空口)下行信号进行的测试。路测主要对无线网络参数、信令、业务质量进行记录和测量并提供相关采集数据，再通过(后台)优化处理软件对测试数据进行统计分析，达到对网络质量进行评估和问题查找、定位的目的。

具体来说，在汽车以一定速度行驶的过程中，借助测试仪表、测试手机，对车内信号强度是否满足正常通话要求、是否存在拥塞、干扰、掉话等现象进行测试。通常在 DT 测试中根据需要设定每次呼叫的时长，分为长呼(时长不限，直到掉话为止)和短呼(一般取 60 秒左右，根据平均用户呼叫时长定)两种(可视情况调节时长)。为保证测试的真实性，一般车速不应超过 40 公里/小时。路测分析法主要是分析空中接口的数据及测量覆盖。通过 DT 测试可以了解：基站分布与覆盖情况，是否存在盲区；切换关系、切换次数、切换电平是否正常；下行链路是否有同频、邻频干扰；是否有孤岛效应；是否有乒乓效应；是否有远近效应；扇区是否错位；天线下倾角、方位角及天线高度是否合理；分析呼叫接通情况，找出呼叫不通及掉话的原因，为制定网络优化方案和实施网络优化提供依据。

说明：为了节约运营成本，通信工程公司通常采取租赁的形式与汽车出租公司签署租赁合同，并对每次车辆使用情况进行详细记录，由网优路测工程师和司机共同填写《用车记录表》，详见本书附录二。

1.7.2 拨打测试

拨打测试(Call Quality Test，CQT)。所谓 CQT 是指在特定的地点进行语音业务拨打测试(简称拨测)，通过拨测的接通情况和业务保持性能，并结合当时网络的无线参数，对网络质量进行评估，分析网络存在的问题。这里"特定的地点"可能是满足一定性能指标的"好点"，也可能是客户反映问题多或较易出问题的地点。

具体来说，CQT 就是在服务区中选取多个测试点，进行一定数量的拨打呼叫，以用户的角度反映网络质量。测试点一般选择在通信比较集中的场合，如酒店、机场、车站、重要部门、写字楼、集会场所等。CQT 测试是 DT 测试的重要补充手段，通常还可完成 DT 所无法测试的深度室内覆盖及高楼等无线信号较复杂地区的测试，是场强测试方法的一种简单形式。

1.7.3 扫频测试

扫频仪广泛应用于网络勘察、规划、建设、优化中，一般内置 GPS，可以在多个独立频段内全面客观地反映无线系统信号在不同频点上的强度分布状况，并与路测软件配合完成对指定无线频段的扫描分析(覆盖分析、干扰分析、邻区分析等)。

扫频仪与测试终端的区别为：

· 扫频是在空闲态下对下行信道进行测量，可对指定频段进行全频段扫描，不受限于网络是否有信令交互；

· 测试终端工作于附着态，只能测试某个频点的工作状态，而且肯定有信令的交互。

扫频测试指的是利用扫频仪进行的网络优化测试，主要通过扫频仪连续测量控制信道的接收电平，来进行全网的结构、覆盖和干扰评估。

1.7.4 网管指标分析

网管指标是用于反映网络整体运行状况的，它从统计角度，对网络各种性能进行监测和评估。同路测通过测试线路近似模拟覆盖区域相比，网管指标来自于用户真实所处位置，能够更加全面地反映小区各位置上的无线条件及业务质量，因此网管指标更具统计平均性，其数据更加全面客观。

通过采集数据获得网管指标后，要对其进行分析，若指标异常或不符合要求，则应进行网络问题定位，再结合前台路测人员进一步进行网络优化，以获得正常的网络指标。不同的网管指标因受到多种因素的影响，其问题的定位并不简单，而且不同的问题要采取不同的网络优化方法。例如，网管指标"E-RAB 建立成功率"会受弱覆盖、网络负荷、干扰、基站硬件故障等多种因素的影响。若是弱覆盖问题，则应加基站或增加基站发射功率；若为网络负荷过重问题，则应进行小区负荷均衡或者扩容；若是干扰问题，则应进行干扰排查；若为硬件故障，则应排查这项硬件故障。

下面，介绍一种网络问题的初步定位方法。例如，根据经验已知：问题 a 会导致指标 1 不正常，问题 c 和问题 d 会导致指标 2 不正常，而问题 b 同时会导致指标 1 和指标 2 不正常，则可以列出如表 1-6 所示的表格。若指标 1 正常，同时指标 2 不正常，则定位于问题 c 和 d；若指标 1 不正常，同时指标 2 正常，则肯定是问题 a 发生；若指标 1 和指标 2 同时不正常，则 a，b，c 和 d 四个问题都可能发生，都需要进行排查。

表 1-6　网络问题初步定位法举例

指标 2　＼　指标 1	正常	不正常
正常	OK	a 问题
不正常	c, d 问题	a, b, c, d 问题

1.7.5 基于全量数据的优化分析系统

相比于前几种传统的网络优化测试手段，基于全量数据的优化分析系统的特点为：用户粒度分析、可精确定位和事件可回溯。表 1-7 给出了基于全量数据的优化分析系统与路测和网管指标分析两种传统网优测试手段的对比情况。

表 1-7　现代网优手段与传统网优手段的对比

网优分析手段	优　点	缺　点
路测(DT)	从用户角度获得真实数据	区域有限、短时间、耗人力、物力
网管指标分析	面向全网	数据不够全面且数据与用户信息没关联，时间粒度过大
基于全量数据优化分析系统	粒度更小、更全面，数据与用户紧密相关	利用云计算架构，进行海量数据的存储与处理

所谓全量数据,指的是采集全量用户的信令数据、无线环境数据,通过用户标识(IMSI、TMSI 等),关联形成用户业务记录(XDR),进一步统计出小区级甚至用户级的 KPI 指标,并结合用户信息、网管及工程参数等信息,为实现精细网络优化提供各类原始数据。基于全量数据的优化分析系统采用三层系统架构,如表 1-8 所示,由上至下依次为信令应用层、信令共享层和信令采集层。需要指出的是,由于该方法本身的复杂性和国内工程建设的实际环境情况,采用该手段进行 LTE 网络系统优化测试的少之又少。

表 1-8 基于全量数据的优化分析系统架构

	信令应用层	根据需要向信令共享层订阅不同类型的数据,并完成各种优化分析功能
由上至下	信令共享层	收集、解析采集层发送的全量信令数据,生成应用层所需的各种数据类型并发送到应用层,同时提供对应应用系统的订阅请求处理能力
	信令采集层	采集不同网元的全量信令数据并按照统一格式传输到信令共享层

任务 1.8 LTE 网络优化调整手段

网络优化测试手段用来发现问题,而网络优化调整手段用来解决问题。LTE 网络优化调整的主要手段包括:

(1)天线下倾角:主要应用于过覆盖、弱覆盖、导频污染和功率过载等场景。

(2)天线方向角:主要应用于过覆盖、弱覆盖、导频污染、盲区覆盖和功率过载等场景。

说明:调节天线下倾角和方向角的两种方式在 RF 优化过程中是首选的调整方式,调整效果比较明显。天线下倾角和方向角的调整幅度要视问题的严重程度和周边环境而定。但是有些场景实施难度较大,比如在没有电子下倾的情况下,需要塔工上塔调整,人工成本较高;再比如某些与 2G/3G 共天馈的场景需要考虑 2G/3G 网络性能,一般不易实施。

(3)导频功率:主要应用于过覆盖、导频污染和功率过载等场景。调整导频功率易于操作,对其他制式的影响也比较小,但是增益不是很明显,对于问题严重的区域改善较小。

(4)天线高度:主要应用于过覆盖、弱覆盖、导频污染、覆盖盲区等场景。一般是在调整天线下倾角和方位角效果不理想的情况下选用。

(5)天线位置:主要应用于过覆盖、弱覆盖、导频污染和覆盖盲区等场景。这也是在调整天线下倾角和方位角效果不理想的情况下选用。

说明:调节天线高度和位置这两种方式比调整天线下倾角和方向角两种方式工作量大,受天面的影响也比较大,一般在下倾角、方位角、功率都不明显的情况下使用。

(6)天线类型:主要应用于导频污染、弱覆盖等场景。以下场景应考虑更换天线,如:天线老化导致天线工作性能不稳定;天线无电下倾可调,但是机械下倾过大已经导致天线波形畸变。

(7)增加塔放:主要应用于远距离覆盖的场景。一般是更改站点类型,如将支持 20W 功放的站点变成支持 40W 功放的站点。

(8)站点位置:主要应用于导频污染、弱覆盖、覆盖不足等场景。以下场景应考虑搬迁站址：主覆盖方向有建筑物阻挡，使得基站不能覆盖规划的区域；基站距离主覆盖区域较远，在主覆盖区域内信号弱。

思考与练习

1. 填空题

(1) eNB 与 MME 之间的接口为 _____ 接口，eNB 与 SGW 之间的接口为 _____ 接口。

(2) EPS 网络特点：仅提供_____域，无_____域。

(3) 每个小区中有_____个可用的随机接入前导。

(4) LTE 下行传输模式_____主要用于应用于信道质量高且空间独立性强的场景。

(5) TAI 由_____、_____和_____组成。

(6) LTE 没有了 RNC，空中接口的用户平面(MAC/RLC)功能由_____进行管理和控制。

(7) 决定某一时刻对某一终端采用什么传输模式的是_____，它通过_____信令通知终端。

(8) LTE 中，_____类似 2G/3G 位置区 LAI 或路由区 RAI，由 MCC、MNC 和_____组成，寻呼时按照_____进行寻呼。

2. 选择题

(1) LTE 协议中规定 PCI 的数目是( )。

A. 512   B. 504   C. 384   D. 508

(2) 下行物理信道中数据的一般处理过程为( )。

A. 加扰，调制，层映射，RE 映射，预编码，OFDM 信号产生

B. 加扰，层映射，调制，预编码，RE 映射，OFDM 信号产生

C. 加扰，预编码，调制，层映射，RE 映射，OFDM 信号产生

D. 加扰，调制，层映射，预编码，RE 映射，OFDM 信号产生

(3) 关于小区搜索，以下描述错误的是。( )

A. 小区搜索过程是 UE 和小区取得时间和频率同步，并检测小区 ID 的过程

B. 检测 PSCH(用于获得 5 ms 时钟，并获得小区 ID 组内的具体小区 ID)

C. 检测 SSCH(用于获得无线帧时钟、小区 ID 组、BCH 天线配置)

D. 读取 PBCH(用于获得其他小区信息)

(4) 下列选项哪个不是形成导频污染的主要原因。( )

A. 基站选址   B. 小区布局   C. 天线选型   D. 天线挂高

(5) 寻呼由网络向什么状态下的 UE 发起？( )

A. 仅空闲态   B. 仅连接态   C. 空闲态或连接态

(6) 以下名称分别对应哪个功能？

① MME( )；   ② S-GW( )；   ③ P-GW( )；

④ eNodeB(　　　　)；⑤ HSS(　　　　　)

A. 负责无线资源管理，集成了部分类似 2G/TD-SCDMA 基站和基站控制器的功能

B. LTE 接入下的控制面网元，负责移动性管理功能

C. SAE 网络的边界网关，提供承载控制、计费、地址分配和非 3GPP 接入等功能，相当于传统的 GGSN

D. SAE 网络用户数据管理网元，提供鉴权和签约等功能，包含 HLR 功能

E. SAE 网络用户面接入服务网关，相当于传统 GnSGSN 的用户面功能

(7) TD-LTE 小区系统内干扰可能来自哪些区域。(　　　　　)

A. 存在模三干扰的相邻基站同频小区

B. 不存在模三干扰的相邻基站同频小区

C. 共站其他同频邻区

D. 存在模三干扰的相邻基站异频小区

(8) 以下关于物理信号的描述，哪些是正确的？(　　　　　)

A. 同步信号包括主同步信号和辅同步信号两种

B. MBSFN 参考信号在天线端口 5 上传输

C. 小区专用参考信号在天线端口 0～3 中的一个或者多个端口上传输

D. 终端专用的参考信号用于进行波束赋形

E. SRS 探测用参考信号主要用于上行调度

(9) 无线网络规划的基本理念是(　　　　　)。

A. 综合建网成本(Cost)最小

B. 盈利业务覆盖(Coverage)最佳

C. 有限资源容量(Capacity)最大

D. 核心业务质量(Quality)最优

(10) 下列哪些属于 LTE 下行参考信号。(　　　　)

A. CRS　　　　　　　　　　　　　B. DRS

C. DMRS　　　　　　　　　　　　D. SRS

(11) 关于同步信号，以下说法正确的是(　　　　)。

A. SSS 携带 PCI 组中的 PCI 号(0～2)

B. PSS 携带 PCI 组中的 PCI 号(0～2)

C. SSS 携带 PCI 组号(0～167)

D. PSS 携带 PCI 组号(0～167)

3. 判断题

(1) LTE 上下行传输使用的最小资源单位是 RE，业务信道都以 RB 为单位进行调度。(　　　　)

(2) LTE 系统中采用了软切换技术。(　　　　)

(3) EPC 只支持分组交换(PS)，所以 S1 接口只支持 PS 域。(　　　　)

(4) X2 接口是 eNB 与 eNB 之间的接口。X2 接口的定义采用了与 S1 接口一致的原则，体现在 X2 接口的用户平面协议结构和控制平面协议结构均与 S1 接口类似。(　　　　)

(5) E-UTRA 小区搜索基于主同步信号、辅同步信号以及下行参考信号完成。(　　　　)

（6）S1 接口的用户面终止在 SGW 上，控制面终止在 MME 上。（　　　　　）

（7）多天线传输支持 2 根或 4 根天线，码字最大数目是 2，与天线数目没有必然关系。（　　　）

（8）LTE 中配置两个小区为邻区时，只需要在其中一个小区配置另一个小区为邻区即可。（　　　）

4. 简答题

（1）举例列出 LTE 下行物理信道。

（2）为什么 LTE 系统室外基站大多由三个扇区构成？与模三干扰问题有何联系？

项目二　硬件使用训练

项目二　硬件
使用训练.pptx

任务 2.1　笔记本电脑

笔记本电脑是无线网络优化测试所必需的、最基本的硬件设备，其他硬件设备都要同笔记本电脑相连接，如图 2-1 所示。笔记本电脑的基本配置(包括操作系统、硬盘空间、内存大小、CPU 速率等)必须满足无线网络优化软件和硬件的使用需求。但并不是说，电脑的配置越高就一定越好。比如，有的路测软件反而不能与高版本或高机位数的操作系统相匹配。一般来讲，网优笔记本电脑应具有如下特性：

- 硬盘空间应该足够大，用于保存测试 Log、上传或下载 FTP 数据文件；
- 内存容量应该大一些，因为路测时会同时打开若干个软件、同时连接若干个硬件设备，如若内存不够大，会更容易出现卡机或卡死现象。

图 2-1　路测设备

硬件工具的使用(8min).mp4

任务 2.2　LTE 测试手机

LTE 测试手机主要用于网络优化中的语音拨打测试。随着移动终端测试软件的开发，测试手机也可完成各类数据业务的测试。目前，LTE 网络测试中，使用最多的测试手机是索尼公司的 M35T 手机，如图 2-2 所示。除此之外，还有索尼 Z2、摩托罗拉 ME860、MT870、XT910 以及 HTC 公司的 G7/G11/G18/G19 等。测试时，手机通过普通的数据线连接笔记本电脑即可。注意：优化测试前一定要保证手机有充足的电量，否则，边充电边测试会对测试造成不便，同时，也不符合手机使用的安全规范。

索尼 M35T 手机驱动程序的安装方法如下(注意：测试手机安装驱动程序时，手机一定要处于开机状态，而且为了更方便地跟踪观察驱动程序的安装过程，首先要打开计算机"控制面板"中的"设备管理器")：

(1)将测试手机通过数据线连接至笔记本电脑。

图 2-2 索尼 M35T 手机

注意： 手机第一次连接电脑时，手机会中自动弹出选项框，如图 2-3 所示，分别选择"安装驱动"和"连接 PC 侧软件"选项。这个操作的目的是激活手机自带的驱动程序，为下一步在电脑里选择驱动安装做准备。

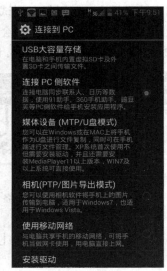

图 2-3 安装驱程前手机中弹出的选项框

测试手机连接至电脑后，电脑自动弹出如图 2-4 所示的窗口，可以直接关闭。电脑右下角同时出现信息，提示不能自动完成驱动程序的安装，如图 2-5 所示。

（2）打开电脑"设备管理器"，观察其中的变化，发现在"其他设备"下新增若干新项，每一项前面的图标都为黄色感叹号，表示相应的驱动程序还没有正确安装，如图 2-6 所示。

（3）双击其中的任意一项，弹出"M35t 属性"对话框，如图 2-7 所示，点击对话框中的"更新驱动程序"按钮。

（4）在弹出的"更新驱动程序软件-M35t"对话框中，如图 2-8(a)所示，点击"浏览计算机以查找驱动程序软件"。进入驱动程序更新的下一步，如图 2-8(b)所示，点击"浏览"

图 2-4　手机连接至电脑自动弹出的窗口

（a）　　　　　　　　　　　　　（b）

图 2-5　手机首次接至电脑后右下角出现的提示信息

（a）连接前　　　　　　　　　　　　　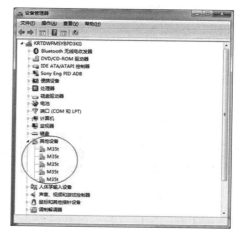

（b）连接后

图 2-6　手机连接前后设备管理器中的变化

按钮，选择驱动程序正确的位置，然后点击"下一步"。

（5）等待安装进程完成，点击"关闭"按钮，如图 2-9（a）、（b）所示，完成此项驱动程序的安装。

（6）其他各项驱动安装方法同上，直至不再有带黄色感叹号的项存在。

各项驱动程序都安装完成后，观察"设备管理器"，发现"端口"、"调制解调器"和"网络适配器"都处于展开状态且都增加了一些新项，每一项前面的图标都是正常状态，表示相

图 2-7　"M35t 属性"对话框

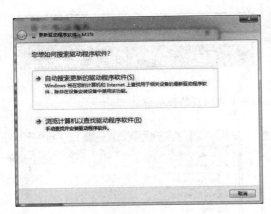
（a）

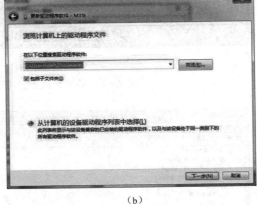
（b）

图 2-8　"更新驱动程序软件－M35t"对话框

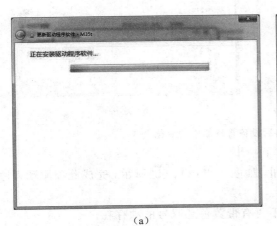
（a）

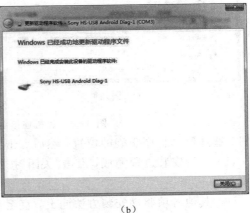
（b）

图 2-9　安装进程

应的驱动程序已经正确安装，如图 2 - 10 所示。

图 2 - 10 驱动安装完成后的设备管理器

任务 2.3 GPS 模块

20 世纪 70 年代美国开始研究 GPS，并于 1994 年全面建成全球定位系统。全球定位系统主要由空间卫星、地面监控和用户设备三大部分组成，其工作原理是：在过地心的 6 个极地轨道面上，均匀分布着 24 颗 GPS 卫星，这些卫星全天候、实时地向地面发送卫星星历等定位信息，用户接收机根据接收到的卫星信息，实时计算所处地理位置坐标，从而实现全球性、全天候、连续的精密三维导航与定位的目的。注：由于 GPS 需要接收卫星信号，因此在室内和地下都无法进行定位。

无线网络优化中常用的 GPS 用户设备有 GPS 模块和手持 GPS 两种。这里先介绍前台测试最常用的 GPS 模块。

GPS 模块主要在室外网络优化中起到定位作用。目前，网络优化工作中比较普及的 GPS 型号是环天公司的 BU - 353 超高感度带 USB 接口的 GPS 模块，价格在 300 元左右，如图 2 - 11 所示。一般 GPS 天线的背面有磁铁，具有吸附固定的作用。在实际测试时，往

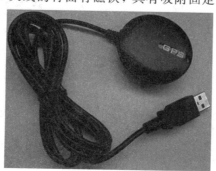

图 2 - 11 环天 BU - 353 GPS 模块

往将 GPS 模块固定在测试电脑上或者随行车辆的车顶上，分别如图 2-12(a)和(b)所示。注意：由于搜索卫星需要一定的时间，因此 GPS 设备都需要一定的预热时间才能开始正常工作。

(a)　　　　　　　　　　　　　　　　　　　(b)

图 2-12　实际测试时 GPS 模块的位置

GPS 模块驱动程序安装方法如下：

(1) 在电脑上打开事先从 GPS 模块驱动程序安装光盘中拷贝好的文件目录，如图 2-13 所示。

Linux Driver			文件夹	2015-11-10 9:52	
Mac			文件夹	2015-11-22 21:51	
Win			文件夹	2015-11-22 21:51	
318.bmp	921,656	220,534	Bitmap 图像	2006-04-13 18:33	132C8C6F
auto.exe	86,016	29,567	应用程序	2007-08-27 18:19	4C8A2585
autorun.inf	41	41	安装信息	2003-11-04 18:59	90AEA663
cximagecrt.dll	225,280	97,969	应用程序扩展	2007-08-27 18:15	542778B2
icon.ico	3,638	1,102	图标	2002-04-04 10:16	BF6B0431
install.txt	812	328	文本文档	2012-04-19 16:13	ACACAA...
SETUP.EXE	9,134,648	9,134,648	应用程序	2003-11-04 18:53	E4AD73...

图 2-13　GPS 模块驱动程序安装目录

(2) 双击运行"auto. exe"文件，在自动弹出的"Autorun"对话框中，单击"Windows USB Driver"按钮，如图 2-14 所示。

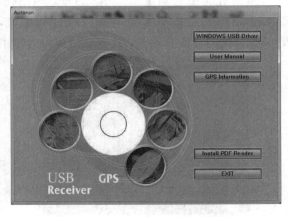

图 2-14　"Autorun"对话框

（3）系统弹出如图 2-15(a)所示的安装向导窗口。待安装向导准备进度完成后，在新弹出的对话框中点击"下一步"，如图 2-15(b)所示，开始安装 GPS 驱动程序。安装完成后，在弹出的对话框中，单击"完成"，如图 2-15(c)所示，返回图 2-14 所示的"Autorun"对话框，点击"Exit"按钮退出。

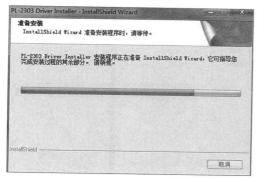
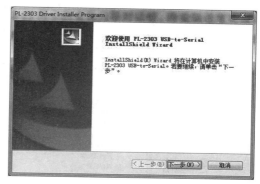

(a)　　　　　　　　　　　　　　　　　　(b)

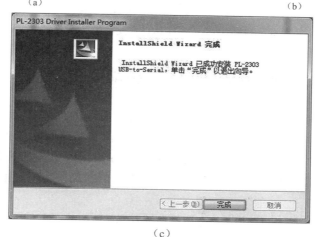

(c)

图 2-15　安装向导对话框

（4）将 GPS 模块通过 USB 接口连接至笔记本电脑，观察屏幕右下角变化，提示"设备成功安装了设备驱动程序"，如图 2-16 所示。

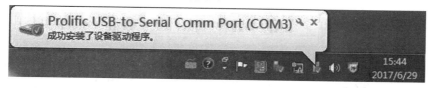

图 2-16　GPS 驱动程序安装成功提示信息

（5）观察电脑"设备管理器"中的"端口"一项，增加了一个新的项目，如图 2-17 所示，表示相应的驱动程序已经正确安装。

　GPS 驱动程序的安装方法也可以与测试手机的安装方法相似，即先连接 GPS，再安装驱动程序。但不同的是，安装完驱动程序，电脑不能自动识别出 GPS 设备，需要将 GPS 重新插拔后才能识别。因此采用上述操作方法更简单一些。提示：测试手机和 GPS 的驱动程序在电脑上只需安装一次，以后使用无须手动重装。

图 2-17　GPS 驱动程序后设备管理器的变化

任务 2.4　LTE 移动路由器

　　移动路由器也称为数据卡。网优测试时经常要与后台进行通信，询问问题、查看网管后台参数、传送文件等。打电话的方式固然最快速，但在需要间隔性频繁沟通，尤其是在需要传输文件时这种通信方法并不适用。因此，实际测试时更多的是采用网络沟通方式（QQ、微信等），这就需要具有实时上网的能力，LTE 便携式移动路由器是网优测试时实时联网的可选方案之一。

　　另一方面，使用便携式移动路由终端设备连接 LTE 网络，更能实时测试 LTE 网络的性能，因此也是无线网络优化常用测试工具之一。

　　本书介绍的 LTE 便携式移动路由器是华为公司的内置电池式 E5375，如图 2-18 所示。E5375 支持的制式包括 TDD-LTE、FDD-LTE、TD-SCDMA、WCDMA 和 GSM，理论下行速度 150 Mb/s，上行 50 Mb/s，双天线设计，内置 1780 mA·h 电池，可独立工作，也可联网传输测试数据。下面对使用 LTE 便携式移动路由器 E5375 进行详细介绍。

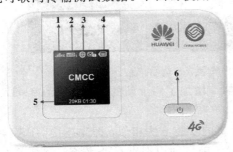

（a）正面外观

（b）背面外观

图 2-18　移动路由器

1. 硬件组装

E5375 的中国移动 USIM 卡和电池的组装方法如图 2-19 所示。具体操作说明如下：

（1）从背面缺角处打开后壳；

（2）在图示位置插入中国移动 USIM 卡，注意卡的方向；

（3）按照正负极提示插入电池，并牢固；

（4）扣上后壳。

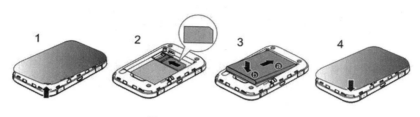

图 2-19　E5375 的组装

2. 安装驱动

华为 E5375 自带驱动程序，将 E5375 通过数据线连接至计算机，即开始自动安装驱动程序。安装过程及安装成功后在计算机右下角都有提示信息，如图 2-20(a) 和 (b) 所示。如果驱动安装失败，可以重新插拔数据线，多试几次。驱动程序正确安装后，计算机的设备管理器中可以找到相应的端口。

（a）　　　　　　　　　　　　　　　　　　（b）

图 2-20　E5375 驱动程序安装过程

3. 主要组成

在图 2-18(a) 的 E5375 正面外观图中，各部分功能或含义介绍如表 2-1 所示。

表 2-1　E5375 正面各部分功能或含义

标号	功能或含义	标号	功能或含义
1	4G 信号指示	4	电源指示
2	WiFi 连接数	5	连接时间和流量
3	已联网标识	6	开关键

打开 E5375 的后壳，能够看到边缘处有一个很小的白色按钮，旁边标注着"Reset"字样，如图 2-21 所示。按住该按钮将恢复 E5375 的初始化设置，因此不要随意触碰该按钮，切记！

在 E5375 的一侧靠近显示屏的地方有一个"WPS"按钮，如图 2-22 所示。双击该按钮，在显示屏上可以查看 SSID(Service Set Identifier，服务集标识)，即无线网络的名称。

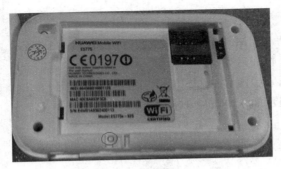

图 2-21　E5375 的 Reset 按钮

在 E5375 后壳的内侧面上贴着一张铭牌,如图 2-23 所示。铭牌上面分别标示着该 E5375 设备的默认 SSID 号和 WiFi 密码。

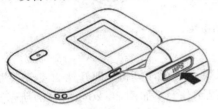 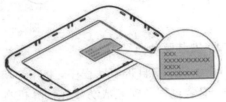

图 2-22　E5375 上的"WPS"按钮　　　　图 2-23　E5375 的铭牌

4. 连接设置

E5375 连接鼎利 Pilot Pioneer 的过程如下:

(1) 安装运行 Hisi UE Agent Balong V700R001C50B212. exe 文件,并将华为的破解文件 GenexLicense. dll 拷贝到 C:\Hisi UE Agent\bin\config 目录下。

(2) 运行"Hisi UE"软件,实现自动连接。自动连接成功后,计算机右下角出现相应的图标,如图 2-24 所示。

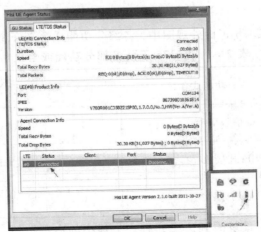

图 2-24　"Hisi UE"软件自动实现连接

(3) 启动 Pilot Pioneer 软件,进行设备连接。在如图 2-25 所示的"手动配置"对话框中设备选择"Hisiicon E5375s-860",AT 口选择下方列表中"PC UI Interface"对应的 COM 口号。

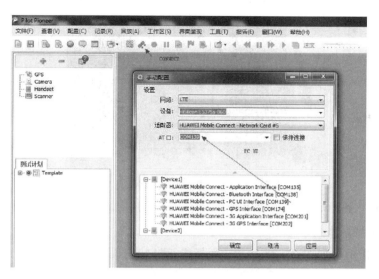

图 2 - 25　在 Pilot Pioneer 中的设置

（4）在"手动配置"对话框中，点击"确定"，即实现 E5375 与 Pilot Pioneer 的连接，如图2－26所示。

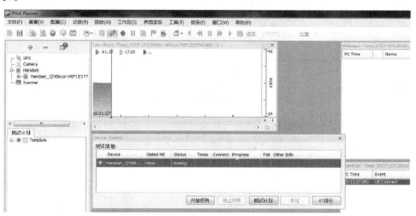

图 2 - 26　E5375 与 Pilot Pioneer 连接成功

任务 2.5　鼎利 RCU

RCU 是远程控制单元（Remote Control Unit），以前也称 ATU（Auxiliary Test Unit，辅助测试单元）。Pilot RCU 2.0 是由鼎利公司自主研发的一款智能化自动路测设备，主要用于日常网络优化测试和网络质量评估测试，全面支持各种网络制式的测试模块。Pilot RCU 2.0 可以进行 5 网 10 模同测，对比网络的覆盖率、接通率、话音质量、MOS 质量，评估竞争对手各个网络性能指标，并采取自动路测方式，数据直接上传服务器，减少人力资源，保证数据的真实性。RCU 是 CMCC 内部考核的一个重要工具。目前，RCU 设备生产商有：鼎利、大唐、诺优、华星等。

鼎利 RCU 设备外观如图 2 - 27 所示。

图 2-27　鼎利 RCU 外观图

下面对 RCU 各组成部分进行介绍：

1. 面板指示灯

RCU 面板指示灯如图 2-28 所示。面板指示灯状态说明如表 2-2 所示。

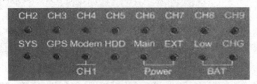

图 2-28　RCU 面板指示灯

表 2-2　面板指示灯

状态灯	含　义	正常工作状态
Modem	显示 Modem 是否正常工作	绿色，闪烁
测试模块（CH2~CH9）	显示测试模块是否正常工作	绿色，常亮
SYS	设备系统运行状态等	绿色，闪烁
GPS	GPS 接收状态指示	绿色，闪烁
HDD	存储卡读写状态灯	绿色，闪烁
Power	内、外电源状态灯	Main：绿色，常亮 EXT：绿色，常亮
BAT	内部电池电量低指示灯	Low：不亮 CHG：不亮或绿色，常亮

RCU 开机、下载数据和测试过程中的指示灯状态如下：

（1）连接电源开机后，Main 和 EXT(Power) 两个指示灯常亮；

（2）SYS 闪烁，GPS 常亮；

（3）下发数据后，SYS 和 GPS 都灭；

（4）几十秒后，相应的 CH(2~9)（对应测试数据）指示灯常亮，Modem(CH1) 闪烁，SYS 闪烁，GPS 常亮，HDD 偶尔快闪一下；

（5）测试任务执行完成后，指示灯保持步骤（4）的状态不变，直到有新的数据下发。

2．按键与接口

RCU 上的按键与接口分别如图 2-29(a)和(b)所示。

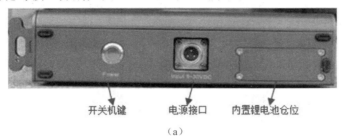

开关机键　　　电源接口　　　内置锂电池仓位

（a）

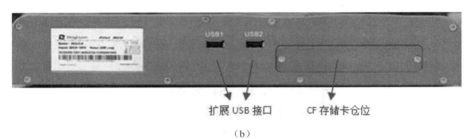

扩展 USB 接口　　　CF 存储卡仓位

（b）

图 2-29　RCU 按键与接口

3．天线接口、SIM 卡槽

RCU 上的天线接口与 SIM 卡槽如图 2-30 所示，相应的说明如表 2-3 所示。

图 2-30　RCU 天线接口与 SIM 卡槽

表 2-3　天线接口、SIM 卡槽

接　口	用　途	说　明
LAN	Ethernet 接口	通过网线传输数据、工程维护
GPS	GPS 天线接口	连接有线 GPS 天线
Modem(CH1)	Modem 天线接口	连接 Modem 车载天线
CH2～CH9	8 个测试通道的主天线	连接测试模块天线(车载或短棒天线)
Aux	测试模块天线分集	连接各模块的分集天线
SIM 卡槽	Modem 和测试 SIM 卡卡槽	按照旁边标签示意图插入对应的 SIM 卡

4．RCU 天线

RCU 外接的三种天线如图 2-31 所示。Modem 天线用来实现 RCU 数据与后台网管之间下载任务和上传测试数据；通道天线相当于外置式手机天线，测试时用来收发无线数据；GPS 天线用来接收 GPS 信号。

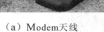

（a）Modem天线　　　　　（b）通道天线　　　　　（c）GPS天线

图 2 - 31　RCU 天线

5. RCU 天线护板与天线扩展板

RCU 天线标配护板与天线扩展板分别如图 2 - 32(a)和(b)所示。天线标配护板用来保护天线接口和吸附天线；天线扩展板用于增加天线间距。

（a）天线护板

（b）天线扩展板

图 2 - 32　RCU 天线护板与天线扩展板

6. 电源适配器及电源线

RCU 电源适配器及电源线如图 2 - 33 所示。

图 2 - 33　RCU 电源适配器及电源线

7. 外部锂电池

RCU 外部锂电池如图 2 - 34 所示。

图 2 - 34　RCU 外部锂电池

8. 蓝牙 GPS

RCU 设备接收 GPS 信号除了通过 GPS 接口和 GPS 天线外,还可以通过外置式蓝牙 GPS 接收机和蓝牙适配器,分别如图 2 - 35(a)和(b)所示。

(a)　　　　　　　　　　　(b)

图 2 - 35　RCU 蓝牙 GPS

任务 2.6　其他工具

2.6.1　频谱分析仪

频谱分析仪又称为扫频仪、频域示波器、跟踪示波器、分析示波器、谐波分析器、频率特性分析仪或傅里叶分析仪等,如图 2 - 36 所示。它是研究电信号频谱结构的仪器,用于信号失真度、调制度、谱纯度、频率稳定度和交调失真等信号参数的测量,可用于测量放大器和滤波器等电路系统的某些参数,是一种多用途的电子测量仪器。在无线网络优化工作中,频谱分析仪主要用于对无线信号的频谱进行测量和分析。

图 2 - 36　频谱分析仪

1. 技术指标

频谱分析仪的主要技术指标包括:

- 频率范围：频谱分析仪进行正常工作的频率区间。现代频谱仪的频率范围为 1 Hz～300 GHz。
- 分辨率：频谱分析仪在显示器上能够区分最邻近的两条谱线之间频率间隔的能力，是频谱分析仪最重要的技术指标。现代频谱仪在高频段分辨率为 10～100 Hz。
- 分析谱宽：又称频率跨度。频谱分析仪在一次测量分析中能显示的频率范围，可等于或小于仪器的频率范围，通常是可调的。
- 分析时间：完成一次频谱分析所需的时间，它与分析谱宽和分辨率有密切关系。
- 扫频速度：分析谱宽与分析时间之比，也就是扫频的本振频率变化速率。
- 灵敏度：频谱分析仪显示微弱信号的能力，受频谱仪内部噪声的限制，通常要求灵敏度越高越好。
- 动态范围：指在显示器上可同时观测的最强信号与最弱信号之比。现代频谱分析仪的动态范围可达 80 dB。
- 显示方式：频谱分析仪显示的幅度与输入信号幅度之间的关系。通常有线性显示、平方律显示和对数显示三种方式。
- 假响应：显示器上出现不应有的谱线。这对超外差系统是不可避免的，应设法抑制到最小。现代频谱分析仪可做到小于−90 dBm。

2. 操作方法

1）硬键、软键和旋钮

硬键、软键和旋钮是频谱分析仪的基本操作手段。

（1）三个大硬键和一个大旋钮：大旋钮的功能由三个大硬键设定。按一下频率硬键，则旋钮可以微调仪器显示的中心频率；按一下扫描宽度硬键，则旋钮可以调节仪器扫描的频率宽度；按一下幅度硬键，则旋钮可以调节信号幅度。旋动旋钮时，中心频率、扫描频率宽度（起始、终止频率）和信号幅度的 dB 数同时显示在屏幕上。

（2）软键：在屏幕右边，有一排纵向排列的没有标志的按键，它的功能随项目而变，在屏幕的右侧对应于按键处显示什么，它就是什么按键。

（3）其他硬键：仪器状态（INSTRUMNT STATE）控制区有十个硬键：RESET 清零、CAOFIG 配置、CAL 校准、AUX CTRL 辅助控制、COPY 打印、MODE 模式、SAVE 存储、RECALL 调用、MEAS/USER 测量/用户自定义、SGL SWP 信号扫描。光标（MARK-ER）区有四个硬键：MKR 光标、MKR 光标移动、RKR FCTN 光标功能、PEAK SEARCH 峰值搜索。控制（CONTROL）区有六个硬键：SWEEP 扫描、BW 带宽、TRIG 触发、AUTO COUPLE 自动耦合、TRACE 跟踪、DISPLAY 显示。在数字键区有一个 BKSP 回退，数字键区的右边是一纵排四个 ENTER 确认键，同时也是单位键。大旋钮上面的三个硬键是窗口键：ON 打开、NEXT 下一屏、ZOOM 缩放。大旋钮下面的两个带箭头的键 STEP 配合大旋钮使用作上调、下调。

2）输入和输出接口

输入输出接口位于频谱分析仪正面板下边一排。TV IN 是视频指标的信号输入口；VOL INTEN 是内外一套旋钮控制，调节内置喇叭的音量和屏幕亮度；CAL OUT 仪器自检信号输出；300 MHz 29 dBm 仪器标准信号输出口；PROBE PWR 仪器探针电源；IN 75Ω 1M～1.8 G 测试信号总输入口。

3）测试准备

（1）限制性保护：规定最高输入射频电平和造成永久性损坏的最高电压值：直流25 V，交流峰峰值 100 V。

（2）预热：测试须等到 OVER COLD 消失。

（3）自校：使用三个月或重要测量前，要进行自校。

（4）系统测量配置：配置是在测量之前把测量的一些参数输入进去，省去每次测量都进行一次参数输入。配置内容：测试项目、信号输入方式（频率还是频道）、显示单位、制式、噪声测量带宽和取样点、测 CTB、CSO 的频率点、测试行选通等。配置步骤：按 MODE 键——CABLE TV ANALYZER 软键——Setup 软键，进入设置状态。细节为 Tune config 调谐配置：包括频率、频道、制式、电平单位。Analyzer input 输入配置：是否加前置放大器。Beats setup 拍频设置、测 CTB、CSO 的频点（频率偏移 CTB FRQ offset、CSO FRQ offset）。GATING YES NO 是否选通测试行。C/N setup 载噪比设置：频点（频率偏移 C/N FRQ offset）、带宽。

2.6.2　水平坡度仪

水平坡度仪全称多功能坡度测量仪，它是一种用于测量坡度、倾斜角度和圆筒直径的测量仪器。在网络优化中主要用于测量天线的下倾角，如图 2-37 所示。水平坡度仪是一个底部（靠墙面）为平面的透明容器体。容器体上有刻度盘，容器内置有液体（水准仪），液体的水平面与刻度盘的 0°～180° 的基线齐平。当容器倾斜时，水面永远是水平，但刻度盘的 0°～180° 的基线会随之倾斜，从而读出倾斜角度。

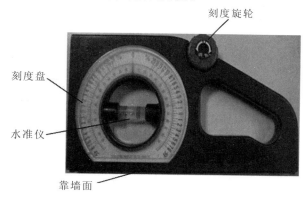

图 2-37　水平坡度仪

水平坡度仪的基本使用方法如下：

（1）将坡度仪的靠墙面与测定对象（如天线）紧密接触；

（2）旋转刻度旋轮，直到水准仪气泡居中即可；

（3）读取刻度盘上指针尖端对准的数字。

在无法靠近天线的时候，可以在远方站在和天线侧面平行的地方，通过目测使坡度仪的靠墙面和天线的背面平行，然后按照以上步骤读取下倾角。由于目测法和个人使用经验有很大关系，因此很可能出现偏差。

目前，理论上基站天线的机械下倾角最大可达 15°。但是由于很多原因，实际工作中极少会把天线的下倾角设置为大于 12°和等于 0°。因此，如果通过目测法得出的下倾角大于12°或接近 0°，则需反复测量验证，以防止出错。

2.6.3 地质罗盘

地质罗盘又称"袖珍经纬仪"，是网络优化中最常用的工具之一，用于测量基站的方位角，如图 2-38 所示。地质罗盘上有一个指针，用它指明磁子午线的方向，可以粗略确定目标相对于磁子午线的方位角，并利用水准器装置测其垂直角（俯角或仰角）以确定被测物体所处的位置。

图 2-38　地质罗盘

1. 结构组成

地质罗盘样式很多，但结构基本是一致的，常用的是圆盆式地质罗盘仪，由磁针、刻度盘、测斜器、瞄准器、水准器等几部分安装在一个铜、铝或木制的圆盘内组成。

1）磁针

磁针一般为中间宽两边尖的菱形钢针，安装在底盘中央的顶针上，可自由转动，不用时应旋紧制动螺丝，将磁针抬起压在盖玻璃上避免磁针帽与顶针尖的碰撞，以保护顶针尖，延长罗盘使用时间。在进行测量时拧松制动螺丝，使磁针自由摆动，最后静止时磁针的指向就是磁子午线方向。由于我国位于北半球磁针两端所受磁力不等，使磁针失去平衡。为了使磁针保持平衡常在磁针南端绕上几圈铜丝，用此也便于区分磁针的南北两端。

2）水平刻度盘

水平刻度盘的刻度采用的标示方式为从零度开始按逆时针方向每 10°一记，连续刻至360°，0°和 180°分别为 N 和 S，90°和 270°分别为 E 和 W。利用水平刻度盘可以直接测得地面两点间直线的磁方位角。

3）竖直刻度盘

竖直刻度盘专用来读倾角和坡角读数，以 E 或 W 位置为 0°，以 S 或 N 为 90°，每隔10°标记相应数字。

4）悬锥

悬锥是测斜器的重要组成部分，悬挂在磁针的轴下方，通过底盘处的觇板手可使悬锥转动，悬锥中央的尖端所指刻度即为倾角或坡角的度数。

5）水准器

水准器通常有两个，分别装在圆形玻璃管中，圆形水准器固定在底盘上，长形水准器固定在测斜器上。

6）瞄准器

瞄准器包括接物和接目觇板，反光镜中间有细线，下部有透明小孔，使眼睛、细线、目的物三者成一线，作瞄准之用。

2. 使用方法

（1）地质罗盘在使用前必须进行磁偏角的校正。因为地磁的南北两极与地理上的南北两极位置不完全相符，即磁子午线与地理子午线不相重合，地球上任一点的磁北方向与该点的正北方向不一致，这两个方向间的夹角叫磁偏角。

地球上某点磁针北端偏于正北方向的东边叫做东偏，偏于西边称西偏。东偏为（＋）、西偏为（－）。地球上各地的磁偏角都按期计算，公布以备查用。若某点的磁偏角已知，则一测线的磁方位角 A 磁和正北方位角 A 的关系为 A 等于 A 磁加减磁偏角。应用这一原理可进行磁偏角的校正，校正时旋动罗盘的刻度螺旋，使水平刻度盘向左或向右转动（磁偏角东偏则向右，西偏则向左），使罗盘底盘南北刻度线与水平刻度盘 0～180°连线间夹角等于磁偏角。经校正后测量时的读数就为真方位角。

（2）基站方位角的测量。方位角是指从子午线顺时针方向到该测线的夹角。

测量时拧松制动螺丝，使对物觇板指向测物，即使罗盘北端对着目的物，南端靠着自己，进行瞄准，使目的物、对物觇板小孔、盖玻璃上的细丝、对目觇板小孔等连在一直线上，同时使底盘水准器水泡居中，待磁针静止时指北针所指度数即为所测目的物之方位角。（若指针一时静止不了，可读磁针摆动时最小度数的二分之一处，测量其他要素读数时亦同样）。

若用测量的对物觇板对着测者（此时罗盘南端对着目的物）进行瞄准时，指北针读数表示测者位于测物的什么方向，此时指南针读数才是测物位于测者什么方向，与前者比较两次使用罗盘瞄准测物时罗盘的南、北两端正好颠倒，故影响测物与测者的相对位置。

为了避免时而读指北针，时而读指南针，产生混淆，故应以对物觇板指着所求方向恒读指北针，此时所得读数即所求测物之方位角。

3. 使用注意事项

（1）磁针和顶针、玛瑙轴承是仪器最主要的零件，应小心保护、保持干净，以免影响磁针的灵敏度。不用时，应将仪器扣牢。仪器关上后，通过开关和拨杆的动作将磁针自动抬起，使顶针与玛瑙轴承脱离，以免磨坏顶针。

（2）所有合页不要轻易拆卸，以免松动而影响精度。

（3）仪器尽量避免高温暴晒，以免水泡漏气失灵。

（4）合页转动部分应经常点些钟表油以免干磨而折断。

（5）长期不使用时，应放在通风、干燥地方，以免发霉。

4. 天线扇区的判别

（1）全向天线一般定义为扇区 0（LTE 室外宏站中较少使用）；定向天线的扇区排列都是以正北为起始，顺时针定义为扇区 1、扇区 2、扇区 3、……。

（2）目前，LTE 网络的绝大部分基站均为 3 个扇区，尤其是室外宏站。

（3）在进行基站新建规划时，一般默认的扇区 1、扇区 2、扇区 3 的方位角是 0°、120°和 240°。

2.6.4 驻波比测试仪

驻波比是表示天馈线与基站(收发信机)匹配程度的指标。驻波产生的原因是由于入射波能量传输到天线输入端未被全部吸收(辐射),产生了反射波,叠加而形成的。驻波比(VSWR)越大,反射越大,匹配越差。实际工程中不一定追求过低的驻波比,一般 1.5 以下足够了,96%的入射波都发射出去了。

驻波比(VSWR)是 LTE 基站的重要性能指标,驻波比告警是 LTE 基站的重要告警。LTE 基站的 RRU 设备上专门设有驻波比告警指示灯,针对 RRU 的每个射频通道都时刻检测驻波比数值,一旦超出门限就会发出告警信息。

驻波比测试仪也叫天馈线测试仪,能够用于测量回波损耗、驻波比、电缆损耗和长距离故障定位,帮助快速评估传输线和天线系统的状况,并且加快新基站所需要的安装、调试时间,在网络优化中方便检测驻波比数值,查找定位问题。驻波比测试仪如图 2-39所示。

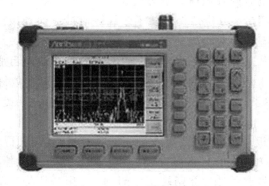

图 2-39 驻波比测试仪

驻波比测试仪的主要功能包括:
- 驻波比测试;
- 故障定位;
- 电缆损耗测试;
- 射频功率测试。

基站天馈线的测试,首先要确定被测天馈线的频段,在仪表中设置对应的频段;然后进行该频段的校准。校准完毕,即可对被测天馈线进行测试,包括匹配测试(回波损耗)和故障定位。

驻波比测试仪基本使用步骤为:开机——频段或距离设置——校准——测试——数据分析——打印。

驻波比测试仪使用注意事项如下:
- 仪表每次重新开机后,必须对仪表进行校准。
- 仪表频段改变之后,必须重新校准。
- 测驻波时,接头用力要适当,以免对仪表本身造成损伤。
- 在测试时,要正确设置天馈线的类型,以使数据准确。
- 在校正仪表时,严格按照开路、短路和负载进行校正,顺序不能颠倒。

2.6.5 手持 GPS

手持 GPS 是除 GPS 模块外，在无线网络优化中用于测量地理位置和定位的另一个常用设备。与 GPS 模块相比，手持 GPS 是独立定位的系统。手持 GPS 主要包括 GPS 主机体（前面板和后面板）、通信线缆和外置式天线三个部分，如图 2-40 所示。

内置天线　　翻页键
导航键　　定位键
开机键
退出键　　输入键
　　显示屏
电池盖

（a）GPS 主机体前面板

（b）通信线缆

外置天线接口

数据通信接口

（c）GPS 主机体后面板

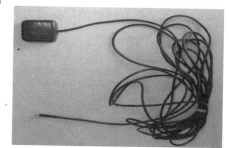

（d）外置式天线

图 2-40　手持 GPS

1. 主要功能及预热时间

手持 GPS 的主要功能包括：

- 定位——测出一个点的位置坐标；
- 导航——指引到达目的地；
- 测量面积——测量不规则的大面积；
- 记录航迹。

GPS 的定位、导航、记录航迹功能在无线网络优化中都要使用。

手持 GPS 进入正常工作需要一定的预热时间，具体如下：

- 热启动（warm start）——15 秒；
- 冷启动（cold start）——45 秒；

- 自动定位(auto locate)——1.5 分钟;
- 搜索天空(search the sky)——4~5 分钟。

2. 基本使用说明

1) 基本操作

(1) 安装电池。机器显示屏下部是一个带旋转螺点的电池盖,逆时针旋转 90 度,取下电池盖,按照电池正负极指示安装电池,如图 2-41 所示。注:电池正负极装错将导致无法开机。

图 2-41 安装电池

(2) 开机。握住机器使内部天线水平面向天空,持续按开机键约 1 秒钟后开机,机器进行自检,出现开机画面,如图 2-42 所示,随后显示接收状态画面,如图 2-43 所示。

(3) 照明。开机后短按开机键可调整屏幕的背景光,便于光线不好时使用,如图 2-44 所示。

(4) 关机。按住开机键 3 秒钟,直到显示消失,如图 2-45 所示,即可关机。

图 2-42 开机画面

图 2-43 接收状态画面

图 2-44 调节背景光

图 2-45 关机

2）初始化设置

快速初始化方式有三种：自动定位、选择国家和连续搜索。这里以"选择国家"为例加以说明：

（1）开机，GPS手持机出现卫星状态画面，按输入键，出现选择初始化方式菜单画面，如图 2-46 所示。

（2）按光标键至"选择国家"，按输入键，画面进入国家名称列表菜单，如图 2-47 所示，列表包括所有国家和地区，其中中国分四部分，选择合适的地区，按退出键，图面回到卫星状态画面，初始化完毕。

图 2-46 初始化设置　　　　图 2-47 "选择国家"初始化设置

2.6.6 激光测距仪

激光测距仪是利用激光对目标的距离进行准确测定的仪器，如图 2-48 所示。激光测距仪在工作时向目标射出一束很细的激光，由光电元件接收目标反射的激光束，计时器测定激光束从发射到接收的时间，计算出从观测者到目标的距离。激光测距仪重量轻、体积小、操作简单、速度快而准确，其误差仅为其他光学测距仪的五分之一到数百分之一。

（a）手持式　　　　　　（b）望远镜式

图 2-48 激光测距仪

1. 选购依据

· 测量范围

· 测量精度

· 使用的场合

（1）只需要在几米或者十几米范围之内进行距离测量且精度要求不高的情况，可选用

"超声波测距仪"，因为这种测距仪测量的效果受环境影响较大，稳定和方向性较激光测距仪差，但价格相对便宜，适合于室内测量。

（2）测量距离不长，多用于室内，精度要求高，可选购"手持式激光测距仪"。这种激光测距仪最适合在室内使用，测量精度及效果都非常不错。如需在室外的环境下使用，建议配上专业的激光瞄准器和反射板，组合使用才能达到预期的测程及效果。

（3）测量距离较远，多用于户外使用，可选购"望远镜式激光测距仪"，即激光测距望远镜。

2. 主要技术参数

- 操作温度：$-10℃\sim+50℃$
- 循环速度：$1/6\sim1/3$ Hz
- 激光类型：YAG 激光
- 电源：12V Ni—MH 充电电池
- 观察视野：$6.5°$
- Magnification：$7*$ Dustproof，Waterproof，Shockproof
- 尺寸：4 1/2"×6"×2 1/8"（115×152×54 mm）

3. 使用方法

激光测距仪的使用方法如下，测距技术原理如图 2-49 所示。

图 2-49　激光测距仪测距原理

（1）轻触启动/测量键，开启测距仪。

（2）按需要使用加或减键更换测量基准边（只对单次测量有效），A—前沿；B—仪器支架；C—后沿。

（3）激光瞄准目标，再次轻触启动/测量键，记录测量值。

（4）测量完毕，按下清除键直到初始画面出现，同时按下加和减键关闭测距仪。

（5）90 秒无工作指令的情况下，测距仪会自动关机。

（6）利用标准距离可对测距仪进行自校，并可通过 Offset 菜单项进行修正。

4. 典型型号

DISTO 及其他手持式激光测距仪，由于采用激光进行距离测量，而脉冲激光束是能量非常集中的单色光源，所以在使用时不要用眼对准发射口直视，也不要用瞄准望远镜观察光滑反射面，以免伤害人的眼睛。一定要按仪器说明书中安全操作规范进行测量。野外测量时不可将仪器发射口直接对准太阳以免烧坏仪器光敏元件。

　　LDM4X 激光测距仪是国外使用比较广泛的一种，配有的大量程激光测距、测速传感器基于激光脉冲反射时差法原理，适用大量程测量，具有很高的响应频率，能适用恶劣的工业环境等特点。结实的金属外壳，使其能工作在有害气体环境，安全保护等级 IP67，安装维护方便。

5．日常维护

激光测距仪使用时需要注意的问题：

- 激光测距仪不能对准人眼直接测量，防止对人体的伤害；
- 一般激光测距仪不具防水功能，所以需要注意防水；
- 激光器不具备防摔的功能，所以激光测距仪很容易摔坏发光器。

激光测距仪维护：

- 经常检查仪器外观，及时清除表面的灰尘脏污、油脂、霉斑等。
- 清洁目镜、物镜或激光发射窗时应使用柔软的干布。严禁用硬物刻划，以免损坏光学性能。
- 本机为光、机、电一体化高精密仪器，使用中应小心轻放，严禁挤压或从高处跌落，以免损坏仪器。

2.6.7　天线姿态测量仪

　　天线姿态测量仪（Antenna alignment tool），又称天线姿态测试仪、天线信息采集仪。它是通信基站建设、维护与优化等生产作业中测量天线工参（方位角、俯仰角、横滚角、挂高、位置等）数据的重要仪器设备，也是一种集成了物联网技术与微机电系统（MEMS）技术的应用型高精密仪表，外观如图 2-50 所示。

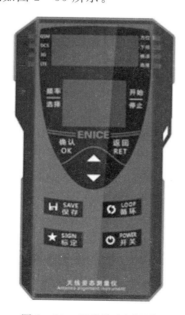

图 2-50　天线姿态测量仪

1. 传统测量方式的弊端

传统的天线姿态测量方式存在如下弊端：

（1）移动通信基站天线的方位角和下倾角的传统测量使用罗盘，人为地确定方位角（测量过程中先要保持罗盘水平，天线、标尺和罗盘镜面平分线要三点一线，难度大，干扰因素多），此外还要求工程技术人员通过可视地检查在天线的安装架上表示的低精度的刻度标记，识别倾斜度。由于工程人员的技巧及人工测量方法方面的差异，会产生不正确或不稳定的测量结果，无法精确地达到设计要求。

传统测量工具的缺陷如下：

· 地质罗盘现场使用时定向难度大，精度不高且很大程度上受个人因素影响大；

· 水平坡度仪在现场使用时测量误差较大，精度不高；

· 皮尺或激光测距仪在复杂环境下使用比较麻烦，所以大多数情况下依靠目测估计；

（2）现有基站的高塔、单管塔或三角塔上的天线由于现场环境复杂，机械罗盘在高空测量上限制非常多，导致站点测量不方便，难以准确测量。

（3）目前天线的经纬度测量记录都为一站一个经纬度而不是一个天线一个经纬度，对于后期分析不太准确，同时多种测量工具携带不方便、操作步骤繁琐、工作效率低。

（4）目前的工程管理手段比较原始，建立在口口相传施工及邮件施工回单，缺乏有效的工程进度和质量管理手段。同时，天线数据库设计与实际值不符、更新不及时对后续工作带来很大的弊端。

2. 主要功能

· 天线工参测量精确：精确测量天线方位角、俯仰角、横滚角、高度及 GPS 地理位置。

· 测量作业任务功能设置灵活：可接受平台任务派工，当前任务站点搜索，也可无需选站临时性地进行测量作业。

· 数据远程无线上传：具备 GPRS 传输功能，当前测量数据可实时上传到服务器。

· 可对测量数据的信息进行存储，包括天线姿态数据，测量日期、时间及天线频率等。

· 外形结构符合现场使用：设备的外形结构设计符合人体工程学，具有防滑、防掉落等安全性设计。

· OTA 配置管理：可从服务平台侧对天线姿态测量仪进行远程配置管理，如接入服务器的域名、端口、参数等。

· 测量结果本地管理：可在仪表端对测量的结果进行查询、删除等管理。

· 显示、播报测量结果：测量结果可通过高亮度数码管、LCD 屏幕进行显示，也可通过语音播报功能对测量结果进行播报。

3. 产品特色

精确性：仪表采用高精度 MEMS 技术，实现了天线方位角、俯仰角、横滚角、挂高的精确测量。

高效性：实现了生产作业电子化处理、一键测量、一键存储测量结果、一键上传测量结果。

交互性强：OTA 配置管理、测量结果高亮显示、UI 交互界面简易且友善。

高安全性：仪表边沿嵌有防滑软胶条，相关部件都具备防掉落设计，满足室外防雨要求。

人体工程学设计：适合单手抓握，弹性按键适合戴手套使用。

4. 使用原理

天线姿态测量仪使用原理如图 2-51(a)、(b)所示。

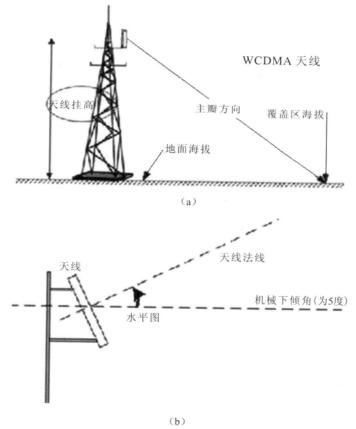

（a）

（b）

图 2-51 天线姿态测量仪使用原理

2.6.8 USB Hub

网优测试时，笔记本电脑要连接测试手机(有时需要连接两部手机)、GPS 模块、软件加密狗、U 盘等设备，这些设备都是通过 USB 接口与电脑相连，因此电脑必须具有足够多的 USB 接口。如果 USB 接口不够，就需外接 USB Hub，以扩展多个 USB 接口。USB Hub 如图 2-52 所示。

图 2-52 USB Hub

思考与练习

1. 填空题

(1) LTE 网络中用_____表示信号强度，类比于 TD - SCDMA 的 RSCP；_____表示信号质量。

(2) 导致多系统合路室分系统网络间干扰的原因有_____、_____、_____。

(3) LTE 组网中，如果采用室外 D 频段组网，一般使用的时隙配比为_____，特殊时隙配比为_____；如果采用室外 F 频段组网，一般使用的时隙配比为_____，特殊时隙配比为_____。

(4) LTE 因为一附着就分配_____，所以具有永久在线的特性。

(5) LTE 网络的切换成功率，缺省含义是_____间的小区间切换成功率。

2. 选择题

(1) LTE 网络中，事件触发测量报告中，事件 A3 的定义为(　　　　　)。

A. 本小区优于门限值　　　　　　　B. 邻区优于本小区，并超过偏置值

C. 邻区优于门限值　　　　　　　　D. 本小区低于门限值，且邻小区优于门限值

(2) RSRP 的定义正确的是(　　　　　)。

A. 对于需要考虑的小区，在需要考虑的测量频带上，承载小区专用参考信号的 RE 的功率的线性平均值

B. 对于需要考虑的小区，在需要考虑的测量频带上，承载 MBSFN 参考信号的 RE 的功率的线性平均值

C. 对于需要考虑的小区，在需要考虑的测量频带上，承载 UE 参考信号的 RE 的功率的线性平均值

D. 对于需要考虑的小区，在需要考虑的测量频带上，承载 Sounding 参考信号的 RE 的功率的线性平均值

(3) LTE 同频测量事件是(　　　　　)。

A. A1　　　　　　　　B. A2　　　　　　　　C. A3　　　　　　　　D. A4

(4) 目前阶段，LTE 系统内的切换是基于(　　　　　)。

A. RSRP　　　　　　　B. CQI　　　　　　　C. RSRQ　　　　　　　D. RSSI

（5）商务写字楼/办公楼的设计要点有（　　　　）。

A. 话务量大的楼宇可以按楼层垂直划分小区，电梯和低层共小区

B. 窗边可采用定向吸顶天线控制外泄

C. 城市中央商务区的 VIP 站点，考虑采用室内异频方案，解决导频污染

D. 要保障电梯、大厅出入口和车库等处 CS 业务的良好覆盖

（6）以下哪些属于业务信道（　　　　）。

A. PUSCH　　　　　　B. PUCCH　　　　　C. PDSCH　　　　　D. PDCCH

（7）LTE 系统中，RRC 包括的状态有（　　　　）。

A. RRC_IDLE　　　　　B. RRC_DETACH　　　　C. RRC_CONNECTED

3. 判断题

（1）PDCCH 信道是由 CCE 组成，不同的控制信道格式规定了不同的 CCE 数目。（　　　　）

（2）测量报告上报方式在 LTE 中分为周期性上报和事件触发上报两种。（　　　　）

（3）LTE 系统中，RRC 状态有连接状态、空闲状态、休眠状态三种类型。（　　　　）

4. 简答题

（1）LTE 网络测试中需要关注哪些指标，指标的范围分别是多少？

（2）计算带宽 20 M 可支持的最大下载速率。

项目三 软件使用训练

网络优化软件分为前台测试软件和后台分析软件两类。为了节省购买软件和维持软件使用(注:软件的 License 是有使用期限的,到期必须续费,方可继续使用)的成本,很多通信公司都开发出了自己的网络优化软件。

目前,国内 LTE 网络优化常用的四套软件如表 3-1 所示。这四套软件基本功能相似,都同时支持 2G、3G、4G、WLAN 等各种网络类型,支持 TDD 和 FDD 两种网络制式,支持语音、数据等各种业务的测试与分析。本书将介绍应用最广的鼎利公司的 Pilot Pioneer 和华为公司的 GENEX Probe 前台测试软件以及鼎利公司的 Pilot Navigator 和华为公司的 GENEX Assistant 后台分析软件。

表 3-1 国内常用网络优化软件

厂家 分类	鼎利 DINGLI	华为 HUAWEI	中兴 ZTE	大唐移动 DTmobile	惠捷朗 Hugeland
前台测试	Pilot Pioneer	GENEX Probe	CXT	SPAN Outum	CDS
后台分析	Pilot Navigator	GENEX Assistant	CXA	SPAN Analysis	WSA

任务 3.1 前台测试软件——鼎利 Pilot Pioneer

3.1.1 功能介绍

世纪鼎利公司的 Pilot Pioneer 是一款业界领先且被广泛使用的无线网络空中接口测试工具,结合了工程师长期无线网络测试的经验和最新的研究成果,主要用于移动网络的故障排除、评估、优化和维护。该工具是一个基于 WindowsNT/2000/XP/2003/Win7 的网络测试评估系统,综合专业角度和最终用户感受,对自己和竞争对手的网络进行全面的测试和分析,提供各种网络关键性能指标的精确测量手段。

Pilot Pioneer 主要具有如下测试功能:

· 具备完善的 2G、3G、4G 网络制式,各种标准移动通信系统的室内、室外网络无线测试功能;

· 支持多手机多业务的同时测试;

· 支持目前所有主流测试业务(语音拨打业务、数据业务、增值业务、视频业务、扫频仪业务等）；

  · 支持 LTE 网络 VoIP 测试、FTP 等数据业务的测试；

  · 支持 HSPA＋网络 MIMO、多载波 FTP 等数据业务测试；

  · 可同时针对不同运营商或同一运营商不同网络制式的多路数据业务进行测试；

  · 将数据采集、实时分析和后处理集于一身，同时支持室内和室外测试。

Pilot Pioneer 具有如下数据统计功能：

  · 支持多统计模板的定制；

  · 统计信息丰富，包括 GSM、CDMA、UMTS、TD － SCDMA、WiFi、WIMAX、CMMB、LTE 网络及其 Scanner 的所有可显示参数，并支持语音拨打、数据及增值业务事件的统计；

  · 支持实时统计和报表功能，可以快速获取测试结果；

  · 统计结果以 HTML/EXCEL 方式呈现。

3.1.2　软件安装与升级

不同版本的 Pioneer 软件，其安装与升级方法有所不同，版本越高方法越简单。这里以 Pioneer9.6 版本为例进行说明。双击运行 PioneerSetup9.6.109.1225(i6).exe 文件，启动 Pioneer9.6 安装向导，如图 3 － 1 所示，按照安装向导的提示一直操作下去，即可完成 Pilot Pioneer 软件的安装。

图 3 － 1　Pilot Pioneer 的安装向导

如果加密狗是旧版本的，还需要运行加密狗驱动程序的升级安装文件：PioneerDriver-Setup.exe，如图 3 － 2 所示。同样，按照安装向导的提示即可完成加密狗的升级。注意：在运行此文件时不要插入加密狗。

图 3-2　加密狗驱动程序的升级安装向导

3.1.3　软件使用

除了免费版本外，要正常启动和使用 Pilot Pioneer 软件必须在计算机中始终插入合法的加密狗。注意：一定要先插入加密狗后启动软件，先关闭软件再拔出加密狗！！且第一次插入加密狗时，计算机会自动完成加密狗的驱动安装过程（在计算机的右下角可以观察此过程），一定要等此过程完成后，再启动软件。

1. 工程的新建和保存

启动 Pioneer9.6 软件后，软件的操作主界面及各组成部分名称如图 3-3 所示。软件已经默认创建了一个新的工程。若当前工程项目已更改（如打开了某个窗口或对话框），也可以重新创建一个新的工程，方法为：点击选择菜单栏中的"文件→新建工程"或者单击工具栏中的"新建工程"按钮。

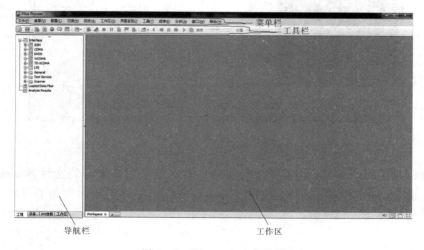

图 3-3　Pioneer9.6 主界面

点击选择菜单栏中的"文件→保存工程"或者点击工具栏中的"保存工程"按钮 ，可以保存所建工程，保存设备连接配置和测试计划模版等信息。

2.工程的配置

点击选择菜单栏中的"配置→配置选项"，打开"选项"对话框，如图3-4所示。在该对话框中可以分别从"测试记录"和"数据处理"两个方面对工程进行配置。其中，"测试记录"包括"常规"、"控制"和"高级"三个选项卡，"数据处理"包括"覆盖率"、"KPI属性"和"算法"三个选项卡。

在图3-4所示默认打开的"常规"选项卡中，可以设置文件的默认保存路径、默认名称、测试数据的默认分割方式（按时间还是按大小）等。

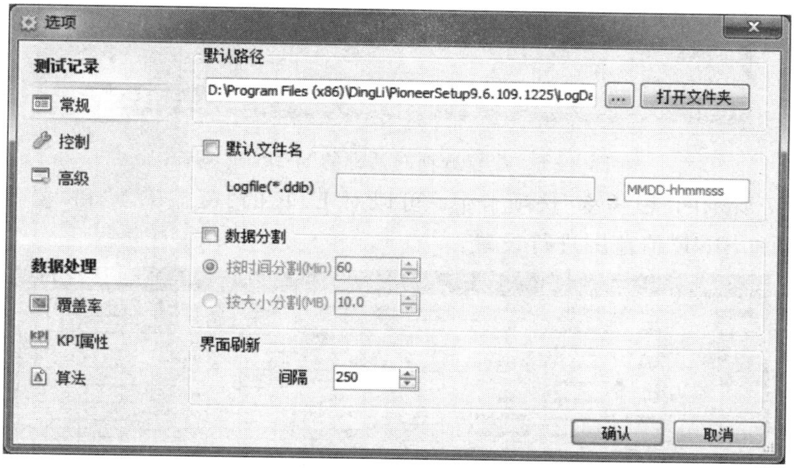

图3-4 配置选项对话框的"常规"选项卡

在图3-5所示的"控制"选项卡中，可以通过复选框对日志的记录和测试相关项进行设置。

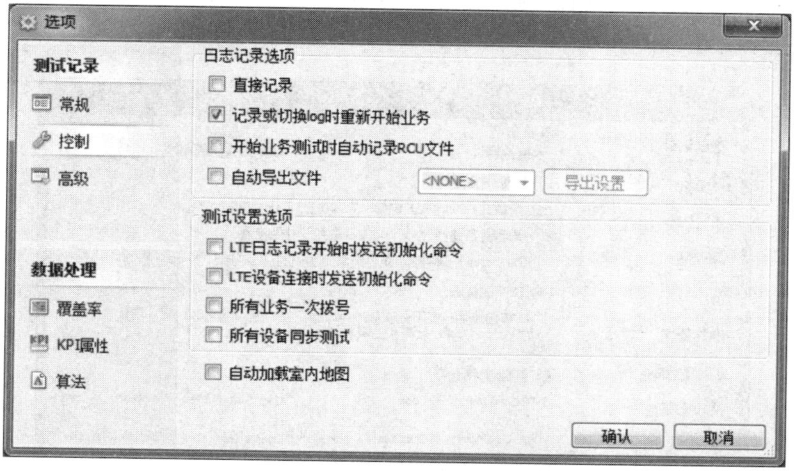

图3-5 配置选项对话框的"控制"选项卡

在图3-6所示的"高级"选项卡中，可以设置是否保存手机测试的一层和二层信令、是否保存 LTE 帧相关信息以及生成的专用文件格式等。其中，RCU 格式的文件可以用后台 Navigator 软件进行合并和分割。

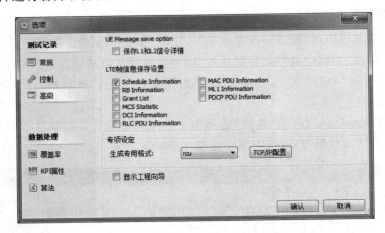

图 3-6　配置选项对话框的"高级"选项卡

在图 3-7 所示的"覆盖率"选项卡中，可以对 LTE 的"覆盖率 1"和"覆盖率 2"对应的 RSRP 值范围和 SINR 值范围进行设置。

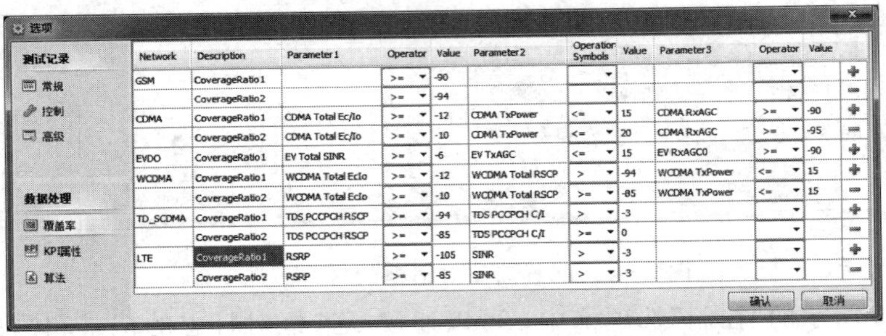

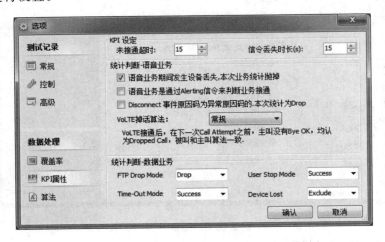

图 3-7　配置选项对话框的"覆盖率"选项卡

在图 3-8 所示的"KPI 属性"选项卡中，可以分别对语音业务和数据业务等的 KPI 指标判断详情进行设置。

图 3-8　配置选项对话框的"KPI 属性"选项卡

在图 3-9 所示的"算法"选项卡中，可以选择采用统计算法（算法 A 或算法 B），可以设置生成报表的默认保存路径。

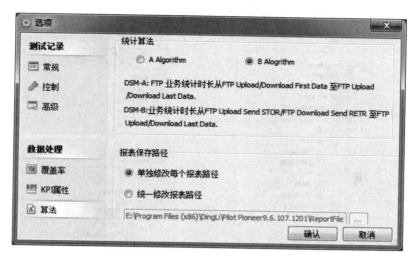

图 3-9 配置选项对话框的"算法"选项卡

3. 导航栏功能

导航栏为用户提供了快速打开各个数据窗口的功能（双击或通过右键菜单或将窗口名称直接拖拽到工作区中），使操作更简便和直观。导航栏共有四个标签页面：工程、设备、GIS 信息、工作区。

1）"工程"标签

"工程"标签页为默认打开的标签页，如图 3-10 所示，其主要组成包括：

· Interface：与"界面呈现"菜单下的菜单项内容完全一致，可以打开各种类型网络（GSM、CDMA、LTE 等）的各种参数对话框，如 LTE 网络的"Serving Cell"、"Radio Measurement"等等；可以打开"General"项下的"Message"、"Event List"等通用对话框；可以通过"Test Service"项打开"GPS"、"MOS"等测试业务对话框；可以通过"Scanner"项打开扫频测试相关的各种对话框。

· Loaded Data Files：可以导入测试数据（图中打开的数据文件为"192.168.10.150"），并在数据导入后，实现数据相关信息的查看（如查看"Message"）、管理（如通过双击"Map"使数据实现图形化显示）和关闭。

· Analysis Results：实现对各种分析结果的查看和管理。

2）"设备"标签

"设备"标签页主要进行测试设备和测试计划模板的管理，如图 3-11 所示，包含以下两项内容：

· 测试设备：包括"GPS"、"Camera"、"Handset"和"Scanner"四种类型的设备。当某种设备与软件实现连接后，相应的设备项会变为可展开项。在该项下能够查看设备的品牌型号和占用计算机的端口号。单击选中"Handset"项，可以在该标签页下方打开"测试计划"。

· "测试计划"：在"Template"大项下包含"Voice"、"Data"、"Video"、"Message"和

"Network"共五个小项。这五个小项下又列有具体的业务类型,可以为每种业务分别设置测试计划模板,如双击设置"Voice"项下的普通"Call"业务测试模板。点击"测试计划"底部的"业务控制"可以展开该部分。在该部分中实现业务执行的"循环次数"、"循环间隔"等方面的设置。

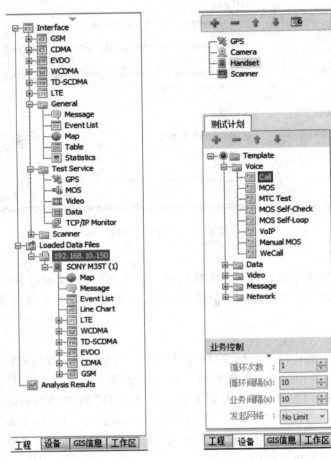

图 3-10 "工程"标签页   图 3-11 "设备"标签页

3)"GIS 信息"标签

"GIS 信息"标签页用于地图数据管理和站点信息(即工参表)的管理,如图 3-12 所示,包括如下三项内容:

• Geo Maps:导入和管理各种类型的电子地图。

• Indoor Map:导入或添加、构建建筑物内各层的室内分布图。

• Sites:导入和管理各种类型网络的基站站点数据信息。

4)"工作区"标签

"工作区"标签页只有"Workspace"一项,用于管理所有在工作区中已经打开的对话框或窗口。相应地,已经打开的对话框或窗口的名称会在"Workspace"项下显示出来,如图 3-13 所示。

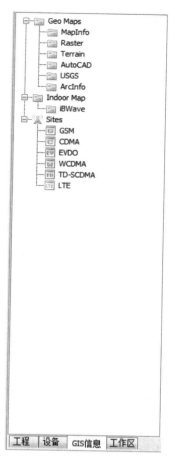

图 3 - 12　"GIS 信息"标签页

图 3 - 13　"工作区"标签页

4. 测试设备与软件的连接

测试手机、GPS 等测试工具与测试软件的良好连接是完成测试工作的前提保证。在测试工具的驱动程序安装完成的前提下，软硬件连接的操作步骤如下：

（1）在 Pioneer 软件中，观察左侧导航栏中的"设备"标签页，发现 GPS 和 Handset 没有可展开项，"设备管理器"图标 上同时提示"2 个设备可配置"，如图 3 - 14(a)所示。

（2）点击工具栏中的"自动检测"工具按钮 ，如果检测成功，左侧的 GPS 和 Handset 都变为可展开项且能够看到检测到的设备型号等信息，如图 3 - 14(b)所示。

（3）在上一步自动检测成功的同时弹出一个对话框，如图 3 - 15 所示。提示"自动配置成功，是否进行连接？"，单击"是"将自动进行软硬件的连接。如果点击"否"，再点击工具栏中的"连接"工具按钮 ，也是进行软硬件的连接。两种方法作用相同。

（4）如果连接成功，此按钮会变为"断开连接"状态 ，同时软件自动弹出四个对话框，包括：Line Chart（线性图表）、Device Control（设备控制）、Message（信令）和 Event List（事件列表），便于后续测试操作。如图 3 - 16 所示。至此，测试工具与测试软件的连接完成。

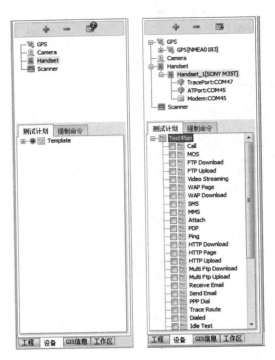

图 3-14　自动检测前后"设备"标签页中的变化

图 3-15　是否进行连接对话框

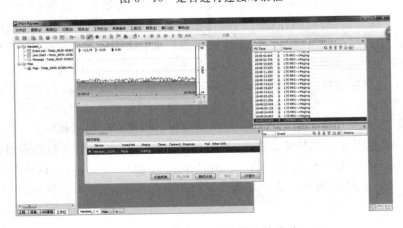

图 3-16　测试设备与软件连接成功

注意：在实际测试过程中，要尽量避免因车辆颠簸或其它原因而导致身体误碰到测试工具与电脑的接口。因为这样可能会导致软硬件的断连，进而影响测试过程。此外，在测试过程中，要时刻关注测试软件，一旦发现有断连信息，应马上进行重新连接。

5. 设备的手动设置

将各种测试设备连接至笔记本电脑后，在"设备"标签页中，双击任意设备，即可打开"手动配置"对话框。GPS设备的"手动配置"对话框如图3-17所示。在对话框的下方列表中，列出了所有可用端口号及相关信息。点击"Trace口："右侧的下拉列表可以进行端口选择。

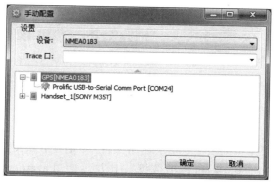

图3-17 GPS的"手动配置"对话框

手机"Handset"的"手动配置"对话框如图3-18所示。在该对话框中，可以对手机的测试网络、设备类型和端口号（Trace口、AT口、Modem口）等进行手动设置。

图3-18 Handset的"手动配置"对话框

6. 导入地图

在图3-12的"GIS信息"标签页中双击"Geo Maps"或者在任一"Map"对话框中单击上方工具栏中的"打开地图图层"按钮，都能自动弹出"打开"地图对话框。如图3-19所示。在弹出的对话框中，选择地图文件的类型和路径后，点击"打开"按钮，相应的地图就会显示在"Map"对话框中。如果同一个文件夹下的地图文件有多个，可以利用鼠标圈中或者在

Ctrl 或 Shift 键的帮助下单击选中，同时打开多个地图文件。

图 3-19　导入地图

7. 导入工参

在图 3-12 的"GIS 信息"标签页中，点击选中"Sites→LTE"，然后单击右键选择"手动导入"，即可弹出"打开"工参表对话框。在该对话框中，选择设置工参表文件的路径和文件类型后，点击"打开"按钮，即可弹出"导入基站文件"对话框，如图 3-20 所示。在该对话框的下方可以预览工参表中的表头和各项数据，上方包括"Parameter"和"Columns"左右两列。其中，"Parameter"列出了 Pioneer 软件所定义的工参表中各参数的名称；"Columns"中的每一项都可通过双击变成下拉列表形式，列表中所列为打开的工程表文件中的各项。每一行的"Parameter"参数项和"Columns"项要一一对应，尤其是前面带"＊"的行，为软件规定的必选项，如果不能实现正确对应，就不能成功导入工参表。点击对话框右下方的"确定"按钮后，再直接关闭另一个自动弹出的"导入基站文件"对话框，完成工参表的导入。导入后的工参表文件名会自动显示在左侧"GIS 信息"标签页的"LTE"项下。在该文件名上点击右键选择"Map"或者直接将其拖曳至某"Map"对话框中，即可实现工参表的地图化显示。

图 3-20　"导入基站文件"对话框

8. 新建测试模板

在图 3-11 所示的"设备"标签页中的"测试计划"项下，双击相应的测试业务，即可打开对应的测试模板设置对话框。这里以最常见的 FTP 下载业务和 CSFB 语音呼叫业务为例进行说明。

1）FTP 下载业务

双击"Template→Network→FTP"，打开"Download"对话框，如图 3-21 所示。

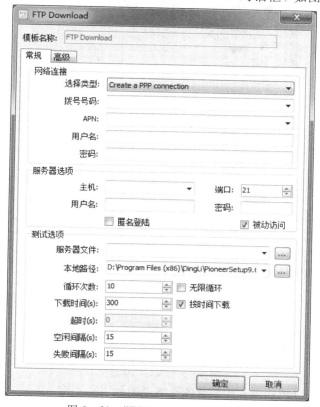

图 3-21　"FTP Download"对话框

在该对话框的"常规"选项卡中，有"网络连接"、"服务器选项"和"测试选项"三个部分，对各项说明如下：

·网络连接：在"选择类型"下列框中选择"LTE Dial"，则该部分变为只包含"选择类型"和"APN"两项的样式。再在"APN"下拉框中选择合适的运营商，比如运营商是中国移动，则选择"cmnet"。

·服务器选项：用来设置被访问的 FTP 服务器的相关信息。其中"主机"为该服务器的IP 地址，"端口"一般设置默认为 21。"用户名"和"密码"根据实际情况设置。还可以根据实际需要勾选"匿名登录"和"被动访问"两个复选框。

·测试选项：用来设置和 FTP 下载测试相关的内容。其中"服务器文件"是要设置对端FTP 服务器下载文件的路径。"本地路径"是要设置文件下载到本台计算机的存储位置。"循环次数"为本模板执行 FTP 下载的重复次数，也可通过勾选后面的复选框设置下载次数为无限次。在勾选中"按时间下载"复选框后，可以设置每次执行下载的"下载时间"，同时下面的"超时"项变为不可用；若不勾选该复选框，则可以设置明确的"超时"时间，即下载时间若超过此"超时"时间，则认定下载失败。"空闲间隔"为两次下载之间不做业务时的时间长度。"失败间隔"为从某次 FTP 下载失败，到下一次新的下载开始的时间长度。

2）CSFB 语音呼叫业务

双击"Template→Voice→Call"，打开"Call"对话框，如图 3-22 所示。

图 3-22 "Call"对话框

在该对话框的"常规"选项卡中，对各选项说明如下：

· 被叫号码：此次语音呼叫被拨打的电话号码。实际网优测试时，既可以是被测 LTE 手机号码，也可以是运营商的服务热线（如中国移动服务电话 10086），还可能是测试用 2G/3G 的电话号码。

· 连接时长：从语音呼叫开始到电话接通的时间长度。某次拨打测试，若超过此时长电话仍未接通，则软件会认定并记录该次呼叫结果为失败。

· 空闲间隔：两次语音拨打之间不做业务时的时间长度。该数据应根据运营商要求进行设置，设置过短则可能导致手机信号尚未从 2G/3G 返回并驻留 LTE 网络就又开始下次呼叫，设置过长则不能准确掌握 CSFB 业务的实际时延情况。

· 失败间隔：在某次 CSFB 呼叫失败，到下次新的呼叫开始的时间长度。

· 通话时长：从某次语音呼叫接通开始到测试手机自动挂断电话的时间长度。根据测试业务的类型，如果是"短呼"，则可以设置相应的时间长度；如果是"长呼"，则只需将后面的复选框勾选中即可。网优工程师也可以根据实际情况需要，主动挂断电话，则实际通话时长必然小于这个设置的通话时长。

·**循环次数**:此模板执行 CSFB 语音呼叫的重复次数,可以通过勾选后面的复选框,将呼叫次数设置为无限次。

9. 配置测试计划

如图 3-16 所示,在测试设备与软件完成连接后,系统会自动打开"Device Control"对话框。点击工具栏中的"设备控制"按钮 ,也可打开或关闭"Device Control"对话框,如图 3-23 所示。点击该对话框中的"测试计划"按钮,弹出"测试计划管理"对话框,如图 3-24 所示。在该对话框中,勾选中要进行测试的测试计划。点击"编辑"按钮,可以在测试计划模板基础上对该测试计划进行配置更改。还可以在对话框下方对该测试计划的循环次数、循环间隔等进行设置。点击"确定"按钮,完成测试计划的配置。返回"Device Control"对话框,点击"开始所有"按钮,软件就开始执行之前勾选的所有的测试计划。

图 3-23 设备控制对话框

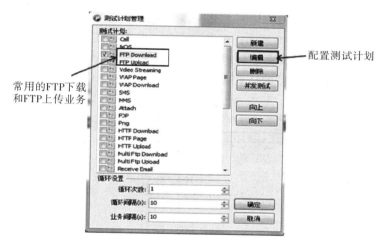

常用的FTP下载
和FTP上传业务

配置测试计划

图 3-24 "测试计划管理"对话框

10. 测试场景管理

在进行测试时,必须实时观察数据的变化和测试的进程,因此必须打开一些相关窗口和对话框。点击工具栏中的"场景管理"按钮 ▣▾,在弹出的下拉菜单中,选择"LTE Test",软件会自动打开与 LTE 测试相关的窗口和对话框,并将它们互不重叠的平铺在整个工作区内。这些窗口和对话框包括:Map、Event List、Message、LTE 网络状态等等,都可以通过右键菜单进行配置和管理,如图 3-25 所示。如果还需要查看其他内容,可以在菜单栏中的"界面呈现"菜单下进行选择打开。

图 3-25　测试场景管理

11. 记录测试数据

连接好设备，完成地图和工参表的导入，配置好测试计划后，就可以进行测试了。在菜单栏选择"记录→开始记录"或点击工具栏中的红色的"开始记录"按钮 ⚫，即可打开"保存数据文件"对话框，如图 3-26 所示。在该对话框中设置测试数据的存储路径和日志文件名后，点击"确定"按钮，软件就开始记录测试数据。若不输入日志文件名，则系统会默认采用"年－月－日－时－分－秒"的格式命名文件。

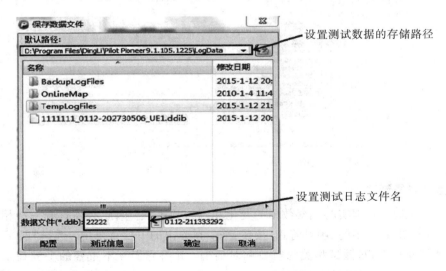

图 3-26　"保存数据文件"对话框

测试开始后，"开始记录"按钮会变为绿色 ⚫。测试结束时，点击该按钮，即可停止记录日志。

3.1.4 应用举例

本节结合一个具体的测试任务来学习前台测试软件 Pilot Pioneer 的基本使用方法，具体测试任务要求如图 3-27 所示。

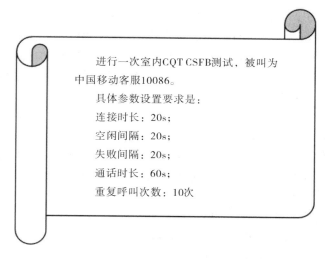

图 3-27 测试任务要求

Pilot Pioneer 的基本使用步骤可以归纳为如图 3-28 所示的一个流程。

图 3-28 Pioneer 基本使用步骤

现在假设测试工具和软件加密狗已经连接至电脑，按照如上流程，完成此次测试任务的步骤如下。

（1）打开 Pilot Pioneer 软件，软件默认已经新建了一个工程。

（2）点击工具栏中的"自动检测"按钮，完成设备检测过程。

（3）点击工具栏中的"地图"按钮，打开"Map"窗口，适当调整窗口大小。在此窗口中，点击"打开地图图层"按钮，找到图层文件存储的位置，在 Shift 或 Ctrl 键的配合下，连续或间断地选择多个要导入的 TAB 图层，点击"打开"，完成地图导入。利用鼠标左键拖动和滚轴滚动或者点击"地图"窗口中的"增大"和"减小"按钮调整地图的显示位置和显示比例。

（4）点击主界面左侧导航栏"GIS 信息"标签页，在"Sites"下找到"LTE"。点击右键，选择"手动导入"。找到事先做好的工参表，点击"打开"，在弹出的"导入基站文件"对话框中，左侧一列是 Pilot Pioneer 软件中的参数名称，右侧是工参表中的参数名称，将其一一对应起来。凡是参数左侧带星号的为必选项。为了提高加载速度，取消选择"导入用户自定义列表"，点击"确定"按钮。在"LTE"下能够看到刚才添加的工参表的名称。用鼠标将其拖至"Map"窗口中，工参表信息加载完成。

（5）点击主界面左侧导航栏的"设备"标签页，展开"测试计划"，双击"Call"测试任务。按照本次测试任务要求制定"Call"测试计划，点击"确定"按钮。

（6）点击工具栏"连接"按钮，完成设备连接。

（7）点击工具栏中的"开始录制"按钮，选择 Log 的存储位置，设置 Log 文件名，点击"确定"按钮，开始记录。

（8）在"Device Control"对话框中，点击"测试计划"，选中之前做好的"Call"测试计划，点击"开始所有"，手机自动开始执行测试任务。

（9）在测试过程中，要打开一些与测试任务相关的窗口，以便观察数据变化。本次 LTE 语音回落测试需要打开 LTE 系统的"Serving Cell Info"主服小区信息窗口和"Serving ＋ Neighbors"主服和邻区信息窗口。同时也要分别打开 GSM 系统和 TD‒SCDMA 系统下的"Serving ＋ Neighbors"等窗口，包括之前自动打开的"Event List"事件列表窗口、"Message"信令窗口和"Device Control"对话框。测试过程中，这些窗口都要实时进行观察，以便了解测试计划执行情况，随时发现问题。

（10）测试计划执行完毕，观察"Device Control"对话框，可以查看本次 LTE 语音回落测试成功和失败的次数。

（11）点击"停止记录"按钮，停止记录 Log。

（12）断开设备连接。

（13）保存工程。

（14）关闭 Pilot Pioneer 软件。

以上操作过程中需要注意如下问题：

· 导入地图、检测设备和导入工参的顺序不分先后。

· 如果测试是在室内或地下，则无需连接 GPS 模块，也无需导入电子地图。因为在这种情况下，GPS 大都接收不到信号。即使能接收到信号，其定位误差也很大，打点位置杂乱无序。这种室分站的测试要提前准备好并导入专门的室内分布图，采用手动打点的方法。

· 电子地图的加载过程一般时间较长，一定要耐心等待。如果着急操作的话，很可能会导致软件"卡死"。

- 一定要先开始记录 Log，再开始测试，否则测试数据可能记录不全。
- 在测试过程中，需要打开的窗口较多，注意调整窗口大小和位置。
- 测试可以是在按照测试计划完成后自动停止，有时也可以手动强制停止。
- 一定要先断开设备连接，再关闭软件，否则会有错误提示信息。

此次测试既可以是室内定点或非定点测试，也可以做室外校园测试。若是室外测试，还需注意如下问题：

（1）保证设备（笔记本电脑和手机）有充足的电量。

（2）能在室内做好的工作先在室内完成，必须在室外完成的工作出室外后再做。

（a）室内可完成的工作包括：

- 加载工参表、电子地图；
- 连接设备；
- 打开各个观察窗口；
- 设置好测试任务。

（b）室外须完成的工作包括：

- 开始录制日志；
- 开始执行测试任务。

（3）CSFB 测试任务通话间隔改为 40 s 或更长，以保证通话结束后能回到 LTE。网络；任务执行次数建议设置为 99 999 次或无限次，以保证测试过程中一直在做业务。

（4）到室外后，先到空旷的地方等待 GPS 搜星定位稳定打点后再开始测试（注：GPS 模块初次搜星定位时间较长，一定要耐心等待）。

（5）测试过程中随时观察 Pioneer 的界面中各个窗口，随时发现问题，随时解决问题。

如：CSFB 后不能返回 LTE 网络，则应先设置手机网络连接为"仅 4G"，待手机连接 4G 网络后再设置手机网络连接为"可 2G/3G/4G"，以保证能够实现 CSFB。

再如：软件卡死，则要重启软件，重新开始测试。

再如：GPS 定位失准，停止测试，待 GPS 定位稳定打点后再重新开始测试。

再如：测试过程中测试任务全部结束，要重新加载测试任务，不能空测。

（6）注意测试路线不要有重叠路径，且形成的路径尽量构成一个封闭的图形；

（7）测试完成，停止记录日志，断开设备连接，不要进入室内后还允许 GPS 打点。

实际测试工作中，网优人员可以现场利用 Pilot Pioneer 软件进行测试 Log 的回放，观察测试点周边环境，联系后台网管人员查看站点参数信息，分析定位问题的可能原因，以便作本次或下次网络优化调整的依据。

任务 3.2　前台测试软件——华为 GENEX Probe

3.2.1　软件安装

要使用 Probe 的各种功能，必须正确地安装 Probe 软件和 GENEX Shared 组件，具体步骤如下：

1. 检查安装环境

为了 Probe 软件的正常安装和运行，计算机配置应具备如表 3-2 所示的条件，不同的软件版本可能有些差异。

表 3-2　Probe 软件安装环境要求

检查项	应具备的条件
CPU	Pentium III 750 MHz 以上
显示器	VGA(1024×768，16 位颜色或以上)
内存	256 MB 以上
硬盘	40 G 以上
PC 端口	至少一个串口、一个并口和一个 USB 口。串口连接 GPS 或 Scanner，并口连接加密狗，USB 口连接手机或 USB Hub
操作系统	Windows 7 或 Windows XP

2. 安装 GENEX Shared 组件

GENEX Shared 组件可以提前单独安装，Probe 主程序安装过程也会自动调用组件包安装程序。卸载 Probe 主程序并不会同时卸载 GENEX Shared 组件，这是为了保证 GENEX 系列其他产品可以正常运行。对于安装过 Probe 的计算机，再次安装 Probe 时可以跳过 GENEX Shared 组件的安装。如果安装的是 Probe 升级版本时，建议同时再次安装 GENEX Shared 组件，以保证 GENEX Shared 组件的版本升级。

打开 GENEX Shared 文件夹，双击"setup.exe"文件，启动安装界面。之后按照提示信息，逐步完成安装即可。安装完成后，程序自动安装了如下组件：

- MapX 组件：提供对 Map 处理的支持。
- TeeChart 组件：图标界面开发控件。
- OWC 组件：发布电子表格、图表与数据库到 Web 的一组控件。
- 硬件狗加密锁驱动：用于维护版本的授权。

3. 安装 Probe 软件

安装 Probe 新版本前需要卸载旧版本，并且建议删除旧的工程文件。打开 Probe 文件夹，双击"setup.exe"，启动安装界面。按照提示信息，逐步完成安装即可。安装完成时，建议选择重启系统，可以保证地图使用时需要的字体文件正常显示；不重启系统，字体文件有可能会无法正常显示。

3.2.2　软件使用

先对 Probe 软件的主界面进行简要介绍。Probe 主界面由菜单栏、工具栏、左侧导航栏、主视图界面、视图选项卡和状态栏等部分组成，如图 3-29 所示。

图 3 - 29 Probe 主界面

1. 启动软件

连接好设备，插入加密狗，启动 Probe 软件。若自动弹出如图 3 - 30 所示的对话框，将其关闭即可。

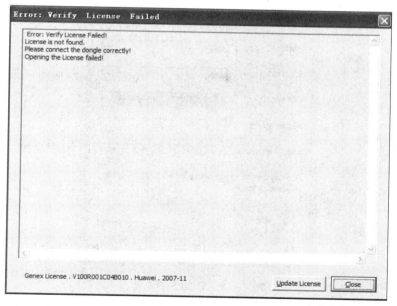

图 3 - 30 启动 Probe 时自动弹出的对话框

2. 设备配置

点击选择"Configuration→Device Management→Device Configure..."菜单项，或者点击工具栏中的"Device Configure(F8)"按钮，打开设备配置窗口，如图 3 - 31 所示。在这个窗口中，可以配置外部测试终端(手机 MS、扫频仪 Scanner)和 GPS 的参数，实现硬件与

Probe 连接，还可查看设备的当前状态。

双击对话框中的"GPS"或"MS"一行中的任意位置，或者先单击选中"GPS"或"MS"行，再点击"Add(Ctrl＋D)"按钮🔧，打开添加设备对话框。对于 GPS 的配置如图 3－32 所示。图中，"Model"一项选择"NMEA"。NMEA 是美国国家海洋电子协会的简称，现在是 GPS 导航设备统一的 RTCM 标准协议。"COM port"一项请根据安装 GPS 驱动程序时占用电脑端口的实际情况进行选择设置。

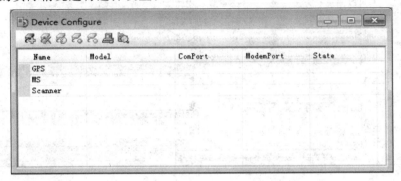

图 3－31　设备配置窗口

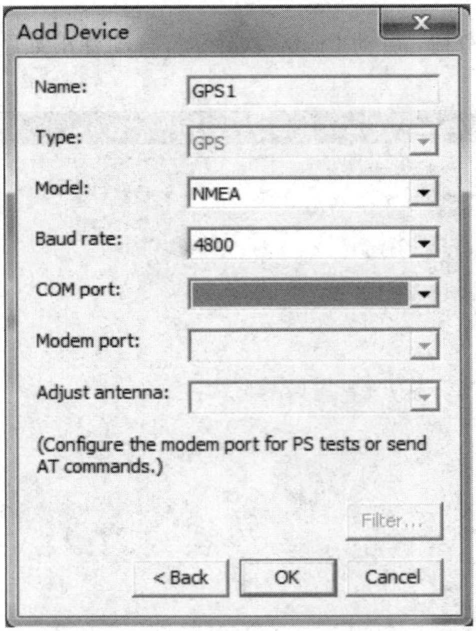

图 3－32　对 GPS 的配置

对于测试手机的配置如图 3－33 所示。图中，"Model"一项根据实际采用的测试手机的类型和型号进行选择。华为 Probe 软件支持华为系列手机、高通系列手机、华为系列数据卡等测试终端设备。"COM port"一项同样根据实际情况进行选择设置。华为系列手机的 Com 口对应计算机"设备管理器"的端口下的"Mobile Adapter"端口，华为数据卡的 Com 口对应"设备管理器"的端口下的"Huawei Mobile Connet－3G Application Interface"端口，如图 3－34 所示。

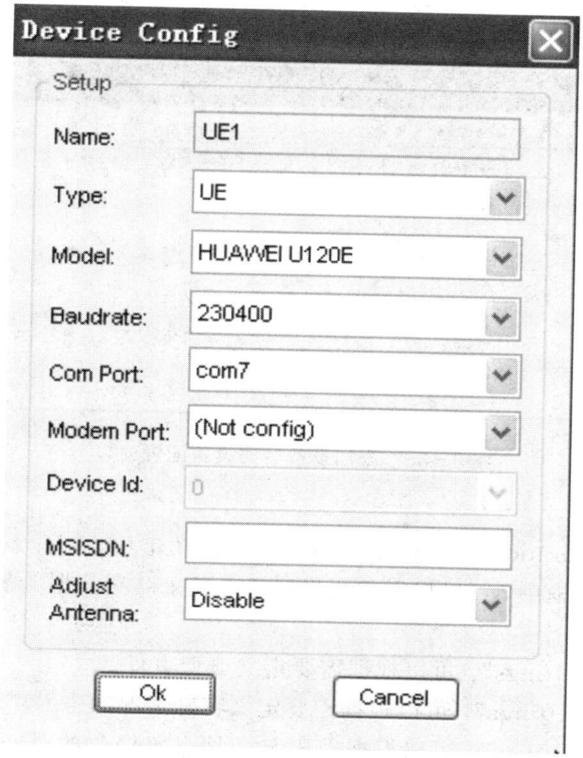

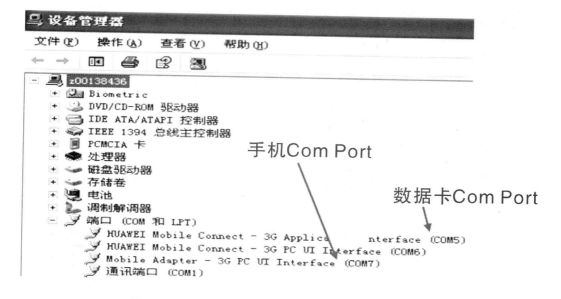

图 3-33　对 MS 的配置

图 3-34　华为手机和数据卡在"设备管理器"中对应端口

GPS 和测试终端配置完成后，图 3-29 所示的设备配置窗口发生相应变化，如图 3-35 所示。

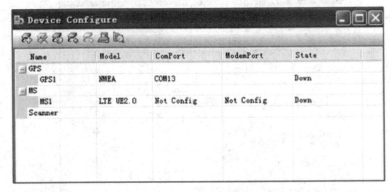

图 3-35　添加设备后的设备配置窗口

3. 系统设置

点击选择"Configuration→System Configure…"菜单项，打开系统配置对话框，如图 3-36 所示。在此对话框中，可以根据需要设置是否记录路测数据、修改保存路径以及选择记录哪些参数。例如：

• 通过"Event Settings"，可以根据需要定义典型事件。

• 通过"Alarm Settings"，可以根据需要定义特殊情况的告警事件。

• 通过"Other Settings"，可以根据需要定义日志数据包的时间记录方式、数据业务拨号属性、数据采样方式、事件回放方式等。

系统设置一般都采用默认设置即可。

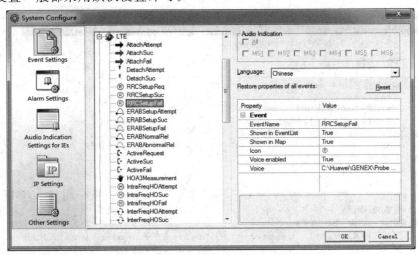

图 3-36　系统配置对话框

4. 测试计划配置

点击选择"Configuration→Test Plan Control…"菜单项或者点击工具栏中的"Test Plan Control(F9)"按钮 ，即可打开测试计划控制窗口，如图 3-37 所示。在该窗口中，按照图中指示，可以根据特定的测试场景，添加测试项目，并可以对测试项目中的每个属性进行设置和统计，以控制不同测试终端的行为，还可以实时监控测试计划的执行情况。

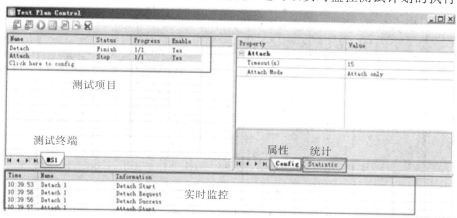

图 3-37 测试计划控制窗口

在测试计划配置完成后，每次可以通过将该对话框中的"Enable"列设置为"Yes"来执行相应的测试项。

5. 导入地图

点击选择"View→OutdoorMap…"菜单项或者点击工具栏中的按钮 🌐 ，即可打开室外地图窗口，如图 3-38 所示。在该窗口中，可以打开室外电子地图，调整地图显示比例和显示位置。在后续测试时，可以实现 GPS 自动打点。

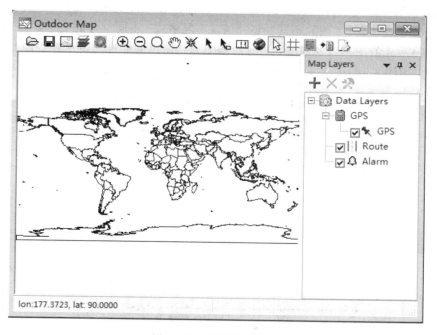

图 3-38 室外地图窗口

点击选择"View→IndoorMap..."菜单项，可以打开室内地图窗口，如图 3-39 所示。在该窗口中，可以打开图片格式的室内分布图。在室分站测试时，手动进行打点。

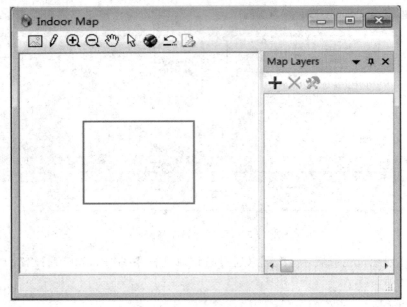

图 3-39　室内地图窗口

6. 导入工参

点击选择"Configuration→Engineering Parameter Management..."菜单项或者点击工具栏中的按钮 ![按钮]，即可打开工程参数管理窗口，如图 3-40 所示。点击窗口上方的按钮，可以根据需要导入、导出、删除不同测试系统、不同格式、不同位置的工程参数表。在此窗口中打开表格形式的工参表的同时，相应的基站分布图也能够自动显示在之前打开的电子地图窗口中，如图 3-41 所示。

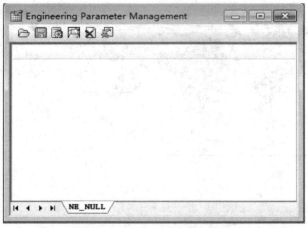

图 3-40　工程参数管理窗口

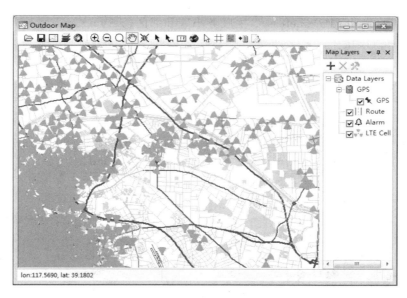

图 3 - 41　同时显示地图和基站分布图的窗口

7. 图层设置

在图 3 - 41 所示的窗口中，点击"Open Layer ControlPanel"按钮 ，即可打开图层控制对话框，如图 3 - 42 所示。在该对话框中，可以添加、删除图层，更改图层的层次位置，对已添加的图层进行是否可见、是否可编辑、是否自动显示标签等的设置。

图 3 - 42　图层控制对话框

8. 打开测试观察窗口

点击"左侧导航栏"的"View"选项卡(如图 3 - 43 所示)或者点击打开"View"菜单(如图 3 - 44 所示)，根据测试需要可以从中打开相应的窗口以便在测试时实时进行观察。测试时，常用的观察窗口包括：事件列表(Event List)、层三信令(L3 Messages)以及被测 LTE

系统的无线参数（Radio Parameters）、主服务小区和邻区（Serving and Neighboring Cells）等对话框。

图 3 - 43　"左侧导航栏"的"View"选项卡　　　图 3 - 44　"View"菜单项

9. 保存常用配置

点击选择"File→Save As"菜单项，打开如图 3 - 45 所示的保存工程对话框。在该对话框中，选择任一保存格式（如：Site Verification），设置保存路径和名称，保存整个工程。

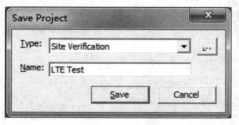

图 3 - 45　保存工程对话框

下次测试时，不用重复地进行硬件配置、系统设置、测试计划配置和打开测试观察窗口，通过打开工程文件一键即可打开之前保留的界面和配置。方法为：点击选择"File→Open From"下的相应子菜单项（如：Site Verification）即可。注：测试手机和数据卡要插在固定的 USB 接口上，这样每次打开保存的工程文件时不需要重新指配端口，直接检测就可以连接上硬件。

10. 开始测试

点击工具栏中或者设备配置对话框上方的"Connect（F2）"按钮，自动进行设备连接。

设备连接后，工具栏中部的"Start Record(F10)"按钮 由灰色变为绿色 。点击该按钮，设置好日志的保存路径和文件名后，即可开始记录测试。

测试过程中，可以通过"左侧导航栏"的"Control"选项卡或者测试计划控制对话框中的按钮对测试进行控制，包括：开始测试计划(Start Test Plan)、结束测试计划(Stop Test Plan)、开始/停止记录(Start/Stop Record)、暂停/继续记录(Pause/Resume Record)和截屏记录(Slice Record)等操作。

11．停止测试

测试完毕，点击工具栏中的"Stop Record(F10)"按钮 ，即可停止记录日志。

12．数据导出

点击选择"Logfile→Export Data..."菜单项，打开数据输出向导对话框，如图 3-46 所示。按照这个向导的提示，可以逐步实现测试日志的合并、分割、导出 Excel 表、转换成高通测试格式等操作。

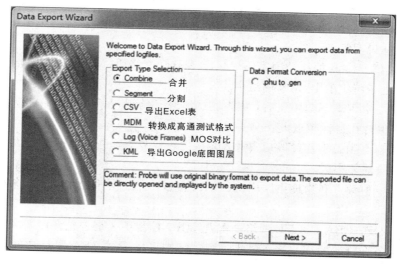

图 3-46　数据输出向导对话框

13．数据回放

点击选择"Logfile→Open Logfile..."菜单项，或者点击"Logfile"工具栏(如图 3-47 所示)中的"Open Logfile(Ctrl+L)"按钮，可以在 Probe 中打开一个测试日志文件。打开过程中，自动弹出一个打开日志对话框，如图 3-48 所示。该对话框中有三个复选项，其含义如下：

图 3-47　"Logfile"工具栏

- "Preview route in map"表示可以在"OutdoorMap"窗口中预览测试轨迹。
- "Clear historical info"表示 Probe 将清除前一次导入的 Logfile 的测试轨迹。
- "Preview event in map"表示可以在"OutdoorMap"窗口中预览关键事件。

打开日志后，可以通过"Logfile"工具栏中的其他按钮实现测试数据的播放、暂停、停止、倒放和定位等功能。

图 3-48　打开日志对话框

14. 强制功能

除前述功能外，Probe 软件还提供了强制测试功能。点击选择"Test→Forcing Function→LTE Forcing Feature"菜单项，可以打开"LTE Forcing Feature"对话框。在该对话框中，可以实现锁 PLMN 网、锁频段、锁频点、锁小区、CBA 取反、锁 PUSCH 信道发射功率等功能，具体说明如下：

• 锁 PLMN 网。根据移动国家码（MCC）和移动网络码（MNC）等网络信息，执行锁网操作，使 UE 处于特定的 PLMN 网络中。

• 锁频点。空闲态下锁频点后，如果测试终端开始呼叫，则系统将自动禁止切换，测试终端将始终保持在目标频点上。

• 锁频段。空闲态下锁频段后，测试终端进入业务态，也将被锁定频段，此时系统将过滤非目标频段的邻小区。

• 锁小区。根频点和物理小区标识（PCI）信息，执行锁小区操作，UE 将处于特定的服务小区下。

• CBA 取反。CBA 是 LTE 网络的配置参数，控制小区是否允许接入。当小区处于建设期，CBA 值不允许普通用户接入，此时测试终端可以通过 CBA 取反功能，正常接入该小区，从而验证新建小区的各项功能。

• 锁 PUSCH 信道发射功率。通过指定范围内的 PUSCH 信道发射功率，执行相关操作后，UE 将保持恒定的发射功率，此时功率控制将不起作用。此项功能可以用于评估小区性能。

任务 3.3　前台其他相关软件

除了前台网络测试用软件外，网络优化测试工程师还需要使用其他一些软件辅助完成网络测试工作。下面进行介绍：

3.3.1　FileZilla Client 软件

FileZilla 是一个免费开源的 FTP 客户端软件，功能齐全、易于使用。

前台其他软件的
使用（10min）. mp4

1. 下载并安装

访问 FileZilla 官网：http://filezilla—project.org/，可以看到两个下载链接：Download FileZilla Client 和 Download FileZilla Server，我们需要的是客户端，所以选择："Download FileZilla Client"，如图 3-49 所示。进入下载页面后，点击 FileZilla_3.6.0.2_win32.zip，下载 Windows 下使用版本。下载解压后，双击其中的 exe 文件就可以直接使用了，FileZilla 是不需要安装的。

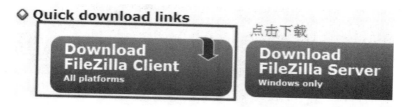

图 3-49 FileZilla 下载位置

2. 主界面介绍

FileZilla 主界面如图 3-50 所示。主要包含如下几个部分：

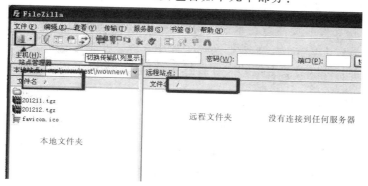

图 3-50 FileZilla 主界面

（1）站点管理器，用来保存各个 FTP 站点，用户不用每次都输入用户名、密码等信息，如图 3-51 所示。

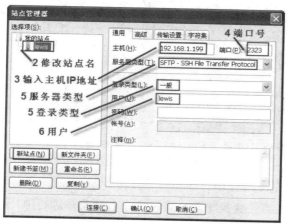

图 3-51 站点管理器

（2）本地文件夹，指向本地文件路径，可以在文件上点击右键"上传"来实现 FTP 上传文件（也可以将文件直接拖曳到远程文件夹中实现上传）。

（3）远程文件夹，服务器端文件夹，可以将文件拖曳到本地实现 FTP 下载。

3. 快速连接服务器并上传文件

在快速工具栏下面有一个快速连接栏，可以不使用站点管理器，直接快速连接到服务器上，如图 3-52 所示。图中，主机一般使用 IP 地址即可；端口号可以默认不填。图中的四项参数填写完成后，点击"快速连接"按钮就可以连接到服务器了。

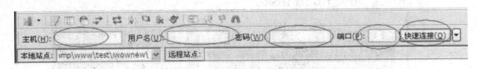

图 3-52　服务器快速连接栏

连接成功后可以看到标题栏和状态栏显示有 IP 地址和用户名等信息，远程文件夹部分会列出远程服务器的文件夹列表。注：如果未连接成功，一般是用户名、密码、主机 IP 等填写错误。

4. FTP 使用注意事项

（1）FTP 替换文件时要注意在本地备份一下，以免替换错误时可以及时恢复。

（2）不同于后台上传文件，如果替换掉了程序文件，可能造成无法挽回的错误。

（3）上传之前，可以对要上传的文件进行病毒扫描，避免上传木马或者病毒。

3.3.2　HooNetMeter 软件

HooNetMeter 是一个强大且易操作的网络流量监控器软件。对于绿色注册版来说，解压后直接双击 HooNetMeter.exe 文件即可运行。HooNetMeter 可以同时监视一个或者多个 LAN 和 WAN 网络流量，能实时图形化和数字化网络流量细节，记录所有网络流量并带有额外日志功能和流量事件。它可以在各种网络连接下工作，包括 DSL、Modem、LAN 等。HooNetMeter 的主界面如图 3-53 所示。

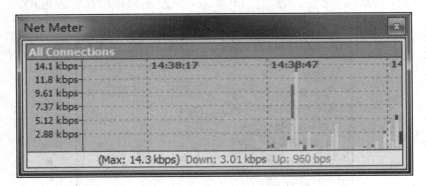

图 3-53　HooNetMeter 主界面

在 HooNetMeter 的主界面的任何位置上点击右键，即可打开一个菜单，如图 3-54 所示。HooNetMeter 的所有设置操作都是通过这个右键菜单进行的。

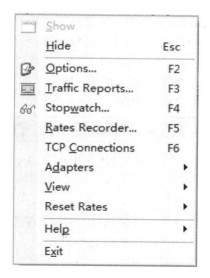

图 3-54 HooNetMeter 右键菜单

本节仅介绍该菜单中网优测试最常用到的一个功能——Stopwatch。在图 3-54 所示菜单中，单击"Stopwatch"，打开如图 3-55 所示的窗口。在此窗口中，点击"Start"按钮，软件就开始定时，并能实时显示 FTP 上传和下载的总比特数、最高速率、最低速率、平均速率等信息，同时"Start"按钮变为"Stop"。在到达计时时间时，点击"Stop"按钮，即可停止显示。

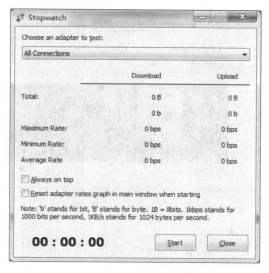

图 3-55 Stopwatch 窗口

3.3.3 腾讯 QQ 软件

在网优测试过程中，测试人员可以利用腾讯 QQ 软件同后台网管人员及时进行问题沟通和传输相关测试文件（如更新的工参表、测试现场照片等）。但是，腾讯 QQ 软件不是网优测试必选软件，可以用其他功能类似的软件代替。

腾讯 QQ 聊天软件的使用方法大家都已熟知，这里不再赘述。需要强调的是其截屏功能，用于以图片形式保存测试结果。QQ 截屏的快捷键是 Ctrl＋Alt＋A。点击快捷键后，鼠标会有所变化，点击待截屏区域的左上角，拖动鼠标至待截屏区域的右下角后松开鼠标左键，自动弹出一个工具栏，如图 3-56 所示。点击"完成"即完成截屏操作。可以在其他软件中，将截屏结果"粘贴"保存。点击其他工具按钮，还能对截屏图片进行处理。如想放弃截屏，在截屏过程中随时直接点击鼠标右键即可。

图 3-56　截屏完成后弹出的工具栏

3.3.4　屏幕录像专家

在网优测试过程中，有时需要进行屏幕录像。比如，将之前路测的 Log 文件重新播放、录屏后直接用播放软件播放，可以在路测的同时帮助规划、查看测试路线。本节介绍屏幕录像专家这款录屏软件，其使用步骤如下：

1）启动软件

首先启动软件，进入主界面，如图 3-57 所示。

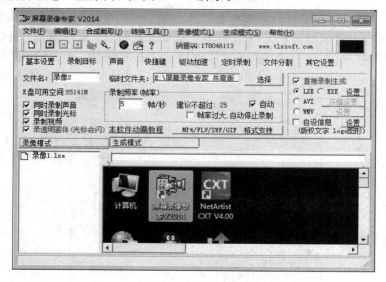

图 3-57　屏幕录像专家主界面

2）设置参数

在右上角区域选择设置录像的格式，最好选择 AVI 格式；在中上区域"临时文件夹"处，点击"选择"按钮，设置录像想要存放的硬盘位置；在左上角区域，选择设置是否同时录制声音、是否同时录制光标等；在"录制频率"处设置每秒录制的帧数，设置值越大，播放越流畅。

3）开始录制

点击左上角工具栏中的■按钮，开始录像。

4）编辑处理

录制完成后，可以点击转换"工具"菜单，对录制的视频进行编辑和处理。

任务 3.4 后台数据分析软件——鼎利 Pilot Navigator

3.4.1 软件概述

世纪鼎利公司的 Pilot Navigator 是一款智能网络优化分析系统，其结合了网络优化工程师长期的工程经验和最新研究成果，以出色的性能在业内一路领先。Pilot Navigator 支持包括 2G、3G、4G 的各种制式、各种标准移动通信系统的数据分析、查看和统计，能够根据不同网络制式的特点，针对性地进行数据分析处理。Pilot Navigator 具有适合多网络质量评估的多业务 QoS 分析功能，能够提供多样的基于网络优化目的的分析报告，帮助工程师快速诊断并解决网络中存在的问题。

后台数据分析软件
Navigator 的使用
（10min）.mp4

Pilot Navigator 的功能简介如图 3-58 所示。Pilot Navigator 既支持室外 DT 测试数据，也支持室分站测试和 CQT 测试数据；既支持语音（Voice）业务，也支持各种数据业务，包括 FTP、E-mail、HTTP、WAP、SMS 和 MMS 等；既能进行数据分析，也具有数据统计和报表生成的功能。

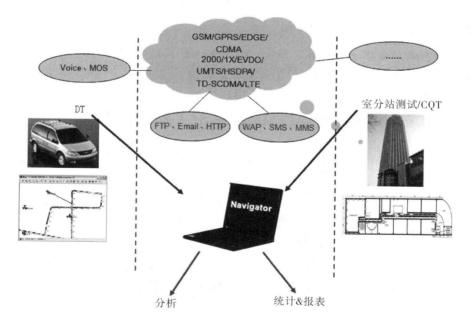

图 3-58 Pilot Navigator 的功能

3.4.2 主要组成

1. 主界面

Pilot Navigator 软件主界面如图 3-59 所示。

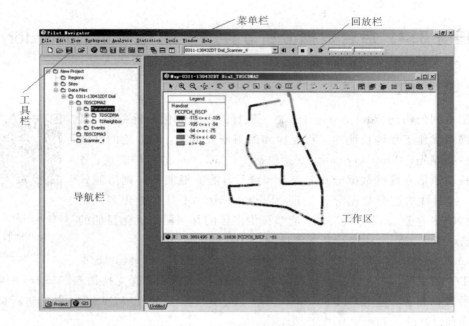

图 3 - 59　Pilot Navigator 主界面

2. 各主要窗口

1）数据分析辅助窗口——Map

Map 窗口即地图窗口，如图 3 - 60 所示，其功能如下：

· 支持参数、事件（Event）的显示，便于用户快速定位问题点；

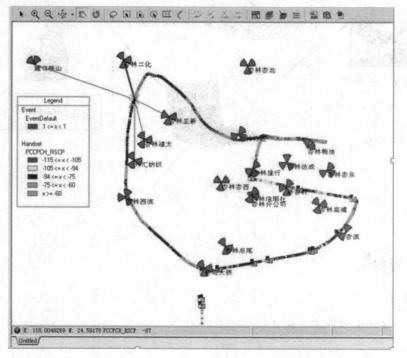

图 3 - 60　Map 窗口

- 支持服务小区连线。

2）以时间为参照的 Graph 窗口和 Chart 窗口

（1）Graph（图形）窗口如图 3-61 所示，具体功能如下：

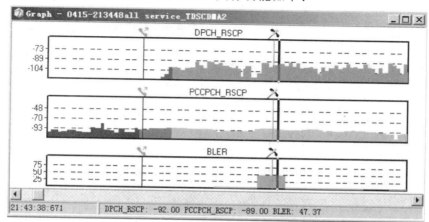

图 3-61　Graph 窗口

- 可同时显示多个参数；
- 可更改参数的颜色及显示范围；
- 支持各种测试事件的显示；
- 支持空闲状态、通话状态的显示。

（2）Chart（图表）窗口能够显示柱状图和饼状图，如图 3-62 所示，支持粘贴到剪贴板功能，支持导出成图片功能。

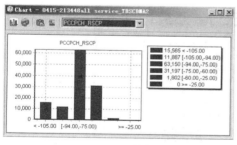

（a）柱状图

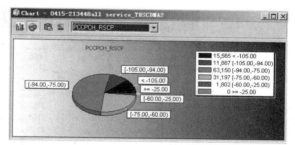

（b）饼状图

图 3-62　Chart 窗口

3）数据分析辅助窗口

无论业务类型（语音业务、数据业务）及网络类型，要在 Navigator 中进行数据分析，一般都要打开三个基本的辅助分析窗口：Message、Event 和 Table。

（1）Message 窗口，即"信令"窗口，如图 3-63 所示，其功能如下：

- 完整的第 3 层（网络层）信息的显示和解码；
- 支持信令的锁定及查找；
- 支持信令过滤和颜色定义，并可将此设置随工程保存；
- 支持信令及其解码的直接导出功能；
- 可以显示信令的上下行。

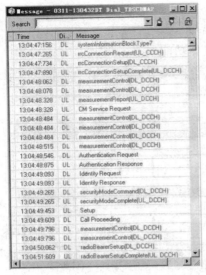 

（a）Message 窗口　　　　　　　（b）设置显示信令类型的对话框

图 3 - 63　Message 相关窗口和对话框

（2）Event 窗口，即"事件"窗口，如图 3 - 64 所示，其功能如下：

· 专用的事件分析窗口，可以一目了然地看到此数据中包含的呼叫及每次呼叫中发生的事件；

· 对于有异常事件的呼叫，用特别的图标标识，便于用户快速定位问题点；

· 明确标识各个事件的关键点信息，并与其他窗口相关联；

· 支持事件的过滤和导出功能（含事件发生的时间）。

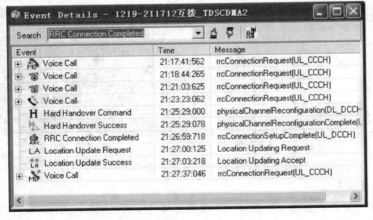

图 3 - 64　Event Details 窗口

（3）Table 窗口，即"表格"窗口，如图 3 - 65 所示，其功能如下：

· 可显示此测试数据每个测试点的信息；

· 可显示单个或多个参数；

· 可显示各个参数的最大、最小、平均值；

· 可将此窗口的显示内容导出成标准的 txt 或 Excel 格式的文件；

· 可将 Table 窗口中的指标导出成 ＊.mif 文件，以便导入 MapInfo 分析；

· 支持 Table 窗口指标值的查找功能。

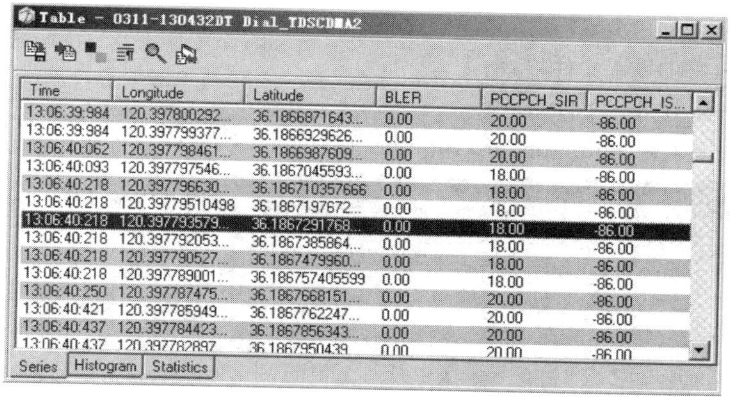

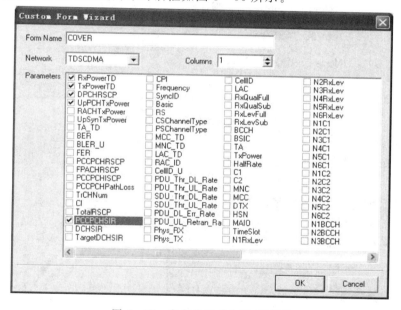

图 3 - 65　Table 窗口

4）自定义参数显示窗口

Pilot Navigator 支持用户自定义显示窗口，将某些重要指标组合显示到该窗口中，便于用户分析查看。自定义格式向导对话框如图 3 - 66 所示。

图 3 - 66　自定义格式向导对话框

3. 强大的 GIS 平台

1）支持的地图类型

Pilot Navigator 支持各种地图类型，在打开地图时必须选择相应的类型，如图 3 - 67 所示，具体功能如下：

· 支持信息产业部规定的标准三维数字地图（包括高度图、地物图、矢量图、标注图）、二维扫描图、常用规划软件的地图；

· 支持 MapInfo 地图（Tab、MIF 格式）；

· 支持自定义矢量和标注；

- 支持 AutoCAD Dxf 文件格式；
- 支持 Terrain TMD/TMB 文件格式；
- 支持 USGS DEM 文件格式；
- 支持 ArcInfo shp 文件格式；
- 支持扫描图（＊.bmp/jpg/gif/tig/tga）。

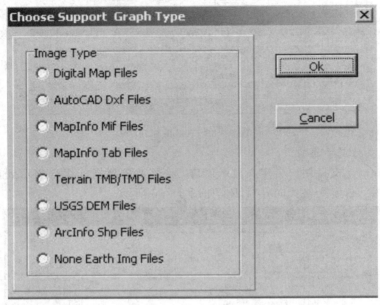

图 3-67　Navigator 打开地图类型对话框

2）测试数据显示

　　Pilot Navigator 支持同时显示多个相关参数，可以改变轨迹的间距、形状、大小等；可以显示轨迹上每个点的值，便于用户发现问题点，如图 3-68 所示。

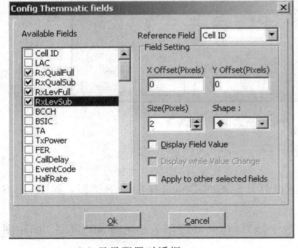

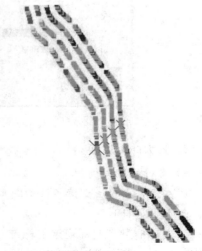

（a）显示配置对话框　　　　　　　　　　　　　（b）数据图形化显示

图 3-68　Navigator 的数据 GIS 显示

3.4.3 主要功能

1. 多网络评估分析功能

Pilot Navigator 支持两个具有相同地理位置的数据进行关联回放功能，可直观对比两个数据的测试情况，支持主被叫关联分析功能。Pilot Navigator 还支持差值（Difference）分析功能。差值就是对两个具有相同地理位置的数据做"By Grid"方式的 Bin 再相减的结果。差值后的结果当成一个数据来处理，可以在各个窗口覆盖显示、分析和数据统计。

2. 自定义辅助分析

1）自定义信令间隔

· 支持用户自定义任意两条信令间隔，适用于对定时器取值的合理性分析、通话时长分析、通话建立时长分析；

· 支持用户自定义任意两条信令间隔超时告警事件；

· 分析结果单独呈现，可统计，可导出。

2）自定义事件

· 基于测试参数，使用强大的条件组合表达式定义分析事件；

· 支持基于时间的设定，便于用户定义连续质量差、连续覆盖差等事件。

3）自定义事件统计

· KPI 告警窗口列出每个满足条件的点，便于用户查看；

· KPI 结果可显示在 Map 窗口，便于问题点的查看和快速定位；

· 支持对 KPI 结果进行统计；

· 支持 KPI 结果与其他相关参数的关联及导出。

3. 统计方式——栅格（Bin）

Pilot Navigator 支持四种方式的栅格统计方式：By Time、By Distance、By Message、By Grid。Bin 结果取值类型有三种：Mean、Maximum、Minimum。Bin 后的结果当成一个数据来处理，可以在各个窗口覆盖显示、分析和统计。

4. 优化专题分析

1）导频污染

通过手机或者扫频仪（Scanner）采集到的数据，查找存在导频污染的区域，以减少导频污染的影响。导频污染查找步骤如图 3-69 所示。导频污染查找结果如图 3-70 所示。

2）邻区定义查询

通过结合手机采集到的邻区信息和扫频仪扫描到的小区信息进行比较，找出可能漏定义邻区的问题点。邻区定义问题查找步骤如图 3-71 所示。邻区定义问题查找结果如图 3-72 所示。

3）越区覆盖

将手机测试数据结合基站数据库，找出覆盖距离过远的小区。越区覆盖查找步骤如图 3-73 所示。越区覆盖查找结果如图 3-74 所示。

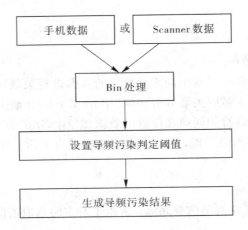

图 3-69　导频污染查找步骤

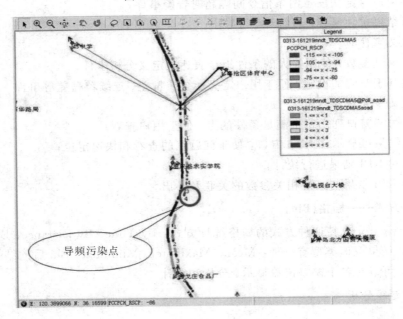

图 3-70　导频污染查找结果

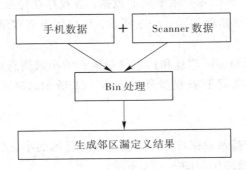

图 3-71　邻区定义问题查找步骤

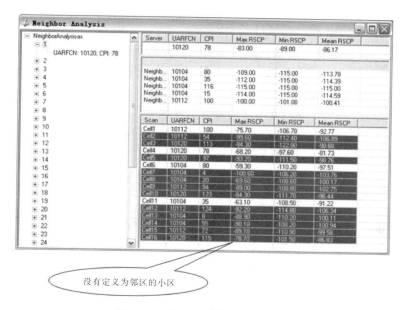

没有定义为邻区的小区

图 3-72　邻区定义问题查找结果

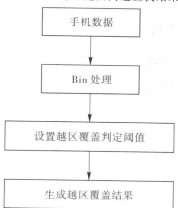

图 3-73　越区覆盖查找步骤

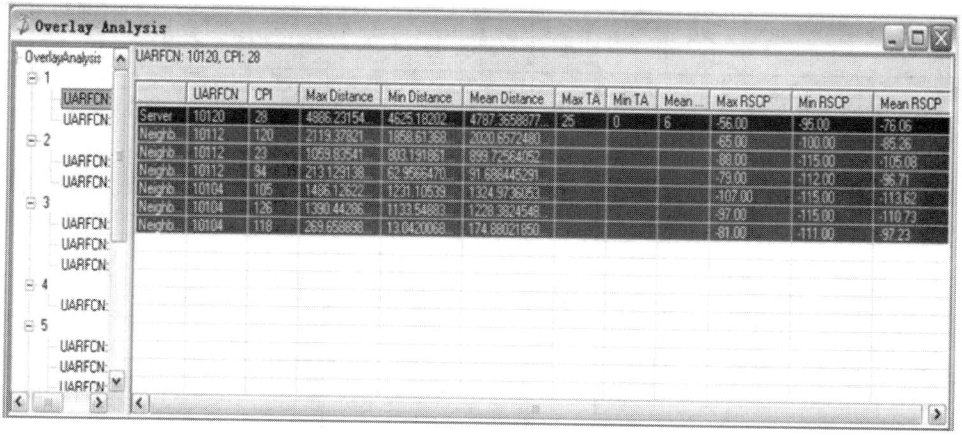

图 3-74　越区覆盖查找结果

5. 统计报表

Pilot Navigator 的数据统计功能支持区域统计方式：可对用户自定义任意区域进行分析，区域定义后可保存、查看、修改。区域内数据分析支持用户自定义告警事件，区域数据可单独进行显示、统计、导出。Pilot Navigator 的数据统计结果以报表方式呈现。报表类型支持：Word、Excel 和 PDF 等。统计报表类型包含如下几种：

（1）测量参数统计报表。统计内容包括分布、累计、极值、均值等，统计结果显示方式为：Table 或 Chart，如图 3-75 所示。

Dingli Communications Inc.　　Parameters Statistic　　Page 2

DPCHRSCP

Order	Range	Samples	PDF	CDF
1	< -100.00	15078	7.63%	7.63%
2	[-100.00,-75.00)	124096	62.79%	70.42%
3	[-75.00,-57.00)	50021	25.31%	95.73%
4	>= -57.00	8431	4.27%	100%
Total	197626		Average	-82.40
Maximum	-35.00		Minimum	-115.00

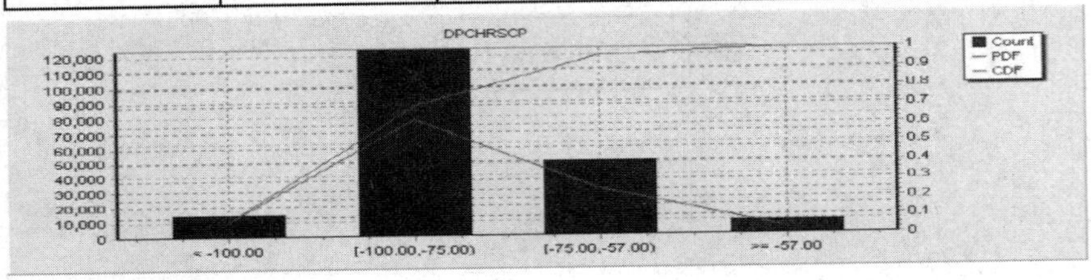

图 3-75　测量参数统计报表

（2）数据业务详情统计报表。数据业务详情又包括两种：数据业务总体测试情况汇总报表和分业务测试报表，如图 3-76 所示。

CQT测试统计总表

City Name: qingdao				Test date: 2006-12-21				Type and Version of The Test I		Test Number:		
				Attach测试		PDP激活测试		WAP测试				
								网站登陆测试		页面刷新测试		铃声、
测试地点编号	测试地点名称	测试地点类型	测试开始时间（小时:分钟）	Attach平均时间（秒）	Attach成功率（%）	PDP激活时间（秒）	PDP激活成功率（%）	WAP平均首页显示时间（秒）	WAP网站登陆成功率（%）	WAP页面刷新平均时间（秒）	WAP页面刷新成功率（%）	下载成功率（%）
总合结果:				**0.87**	**100.00%**	**2.39**	**100.00%**	**4.80**	**100.00%**	**3.67**	**83.33%**	
1	1221-160349TD-SCDMA DT_TDSCDMA2		16:08	0.87	100.00%	2.39	100.00%	4.80	100.00%	3.67	83.33%	
2												
3												
4												
5												
6												
7												
8												
9												
10												
11												
12												
13												
14												
15												
16												
17												
18												
19												

CQT 总表 / Attach详情 / PDP详情 / Ping详情 / FTP下载详情 / FTP上传详情 / HTTP下载详情 / Email下载详情 / Email上传详情 / WAP登录详情

图 3-76　数据业务详情统计报表

（3）DT 测试评估统计报表。DT 测试评估可以内置城市 DT 报表并列出每一次通话详情。如图 3-77 所示。

覆盖率							
覆盖率项目(总体)	**结果**						
覆盖采样点	5125						
总采样点	5204						
覆盖率	98.48%						
覆盖里程（米）	14096.76						
总里程（米）	14313.11						
里程覆盖率	98.49%						

话音质量							
话音质量(总体)	**结果**		**话音质量(主叫)**	**结果**		**话音质量(被叫)**	**结果**
MOS均值	0		MOS UP均值	0		MOS DOWN均值	0
MOS中值	0		MOS UP中值	0		MOS DOWN中值	0
Rxqual= 0	2829		Rxqual= 0	2829		Rxqual= 0	0
Rxqual= 1	89		Rxqual= 1	89		Rxqual= 1	0
Rxqual= 2	105		Rxqual= 2	105		Rxqual= 2	0
Rxqual= 3	91		Rxqual= 3	91		Rxqual= 3	0
Rxqual= 4	157		Rxqual= 4	157		Rxqual= 4	0
Rxqual= 5	108		Rxqual= 5	108		Rxqual= 5	0
Rxqual= 6	64		Rxqual= 6	64		Rxqual= 6	0
Rxqual= 7	55		Rxqual= 7	55		Rxqual= 7	0
通话质量（按RxQualSub计	97.13%		通话质量（按RxQualSub计	97.13%		通话质量（按RxQualSub计	

呼叫事件							
通话项目(总体)	**值**		**通话项目(主叫)**	**值**		**通话项目(被叫)**	**值**
试呼（次）	8		试呼（次）	8		试呼（次）	0
未接通（次）	0		未接通（次）	0		未接通（次）	0
接通（次）	8		接通（次）	8		接通（次）	0
掉话（次）	0		掉话（次）	0		掉话（次）	0
接通率	100.00%		接通率	100.00%		接通率	
掉话率	0.00%		掉话率	0.00%		掉话率	
平均呼叫建立时长（毫秒）	5720.75		平均呼叫建立时长（毫秒）	5720.75		平均呼叫建立时长（毫秒）	
切换（次）	22		切换（次）	22		切换（次）	0
切换失败（次）	0		切换失败（次）	0		切换失败（次）	0
切换成功率	100.00%		切换成功率	100.00%		切换成功率	
位置更新（次）	3						
位置更新失败（次）	0						
位置更新成功率	100.00%						

\ **城市DT总表** \ 城市DT详情 /

（a）DT 报表

GSM-城市DT测试-话音业务详情								
序列	**文件**	**起呼时间**	**接通时间**	**挂机时间**	**结果**	**LAC**	**Cell ID**	**BCCH**	**BSIC**
1	D:\TD演示数据\	16:13:05	16:13:14	16:13:15	Outgoing Call End	25381	9022	80	40
2	D:\TD演示数据\	16:13:25	16:13:30	16:14:26	Outgoing Call End	25381	9021	79	75
3	D:\TD演示数据\	16:14:44	16:14:50	16:15:35	Outgoing Call End	25381	8041	86	53
4	D:\TD演示数据\	16:15:50	16:15:54	16:16:39	Outgoing Call End	25381	8075	83	50
5	D:\TD演示数据\	16:16:52	16:16:58	16:17:44	Outgoing Call End	25389	20233	6	41
6	D:\TD演示数据\	16:17:57	16:18:02	16:18:48	Outgoing Call End	25389	8012	88	40
7	D:\TD演示数据\	16:19:01	16:19:07	16:19:52	Outgoing Call End	25389	283	91	63
8	D:\TD演示数据\	16:20:05	16:20:11	16:20:57	Outgoing Call End	25389	281	77	66

（b）每次通话详情

图 3-77 DT 测试评估统计报表

（4）信令事件统计报表。基于信令事件的统计报表，如图 3-78 所示。

Dingli Communications Inc.   Event Analyze Statistic   Page 1

Call Events Summary

Event Name	Count	Percent
Total Number Calls	5	
Total Call Established	5	100.00%
Total Blocked Call	0	0.00%
Total Dropped Call	0	0.00%
Total Call End	5	100.00%

Outgoing Call Events

Event Name	Count	Percent
Total Number Outgoing Calls	5	
Outgoing Call Established	5	100.00%
Outgoing Blocked Call	0	0.00%
Outgoing Dropped Call	0	0.00%
Outgoing Call End	5	100.00%

Incoming Call Events

Event Name	Count	Percent
Total Number Incoming Calls	0	
Incoming Call Established	0	0.00%
Incoming Blocked Call	0	0.00%
Incoming Dropped Call	0	0.00%
Incoming Call End	0	0.00%

Handover Summary

Event Name	Count	Percent
Total Number Handover	27	
Handover Success	27	100.00%
Handover Failure	0	0.00%

图 3-78　基于信令事件的统计报表

（5）KPI 分析统计报表。即支持 KPI 分析的统计报表，如图 3-79 所示。

KPI Analyze Report

KPI Name	Description	Times	Count	Total	Percent
poor coverage	(RxPowerTD < -94) AND ..	268	268	9436	2.84%

图 3-79　KPI 分析统计报表

（6）Call Trace 统计报表。即支持 Call Trace 的统计报表，如图 3-80 所示。

TDSCDMA Call Sequence

Call	rrcConnection Request	rrcConnection Setup	rrcConnection SetupComplete	rrcConnection Reject	CN Service Request	Paging Response	Measurement Control	Authentication Request	Authentication Response	SecurityMode Command	SecurityMode Complete	Setup	Call Proceeding	Call Confirmed	RadioBearer Setup	RadioBearerSetup Complete	Alerting	Connect	Disconnect	Release	rrcConnection Release	Call End Outcome
1	*	*	*		*			*	*	*	*	*	*	*	*	*	*	*			*	Outgoing Call End
2	*	*	*		*			*	*	*	*	*	*	*	*	*	*	*			*	Outgoing Call End
3	*	*	*		*			*	*	*	*	*	*	*	*	*	*	*			*	Outgoing Call End
4	*	*	*		*			*	*	*	*	*	*	*	*	*	*	*			*	Outgoing Call End
5	*	*	*		*			*	*	*	*	*	*	*	*	*	*	*			*	Outgoing Call End

图 3-80　Call Trace 统计报表

3.4.4　使用示例

（1）插入加密狗，双击启动 Pilot Navigator 软件。

（2）点击工具栏中的"新建工程"按钮 📄，输入工程名称，注意观察左侧导航栏中的变化。

（3）Pilot Navigator 提供了对 RCU 测试数据进行合并和分割的功能。点击"工具"菜单，选择"文件合并"，在弹出的对话框中，点击"Add Files"，借助于 Ctrl 或 Shift 键选择多个要合并的 Log 文件，点击"Execute"，这样就完成了多个测试文件的合并。合并后的文件自动存储在与被合并文件同一个文件夹中，并以"CombineData"和执行合并的日期、时间来命名。

（4）点击"工具"菜单，选择"RCU 文件分割"，在弹出的对话框中，点击"Add Files"，添加一个被分割文件。点击"Divide Options"标签页，设置文件分割的依据。比如，点击"Divided By Time"就是按照时间进行分割，设置好要分割生成的文件的起止时间后，点击"Add"和"Execute"，这样就从原文件中分割出了一个文件，文件自动存储在与原文件相同的文件夹下，文件名是在原文件名后加上"FilterByTime"来标识。

（5）点击工具栏中的"打开数据文件"按钮 📂，例如选择导入一个 FTP 下载测试数据文件，点击"打开"，会看到在导航栏的"DownLink Data Files"文件夹下已经显示了刚才导入的文件名称。

（6）在导入的文件下自动展开的"LTE2"文件夹上点击右键，选择"信令窗口"，软件对信令数据进行解压解码后，自动弹出"Message"窗口。用同样的方法，可以对事件数据解压解码，打开"Event Details"窗口。

（7）在解压解码完成后，"LTE2"文件夹也变为可展开项。将其点击展开，可以看到"Events"和"Parameters"两个文件夹。"Events"文件夹下分类列出了所有相关的事件，"Parameters"文件夹下分类列出了所有相关的参数。比如，我们想要查看此次 FTP 下载测试发生业务掉线事件的情况，可以选择"Events"→"FTP"→"FTP Download Drop"，点击右键选择"事件统计信息"，在弹出的"Event KPI Statistic Info"对话框中能够查看每次发生掉线的具体时间和经纬度等信息。再比如，我们想要查看此次 FTP 下载测试 PDCP 层的吞吐率及其分布情况，可以选择"Parameters"→"Throughput"→"PDCP Throughput DL"，点击右键选择"地图窗口"。弹出地图窗口，调整窗口的大小和覆盖图的位置及显示比例，以便于观看。

（8）鼠标点击测试路线的起始位置，点击"回放工具栏"中的 ◀◀ ◀ ■ ▶ ▶▶ 按钮，可以对测试进行回放、暂停等操作。拖曳速度框 中的进度条可以修改播放速度。拖曳位置框 中的进度条可以直接控制播放位置。地图中的每个测试点上都能实时显示当前 PDCP 层的速率值。

（9）点击"编辑"菜单，选择"导入基站"，选择要导入的工参表，点击"打开"。观察导航栏"Sites"文件夹下的"LTE"变为可展开项，点击"+"，工参表中的所有基站都加载进来。通过在不同顶上点击右键菜单，或者采用直接拖曳的方式，可以实现某个基站或所有基站在"地图"窗口中的显示。

（10）点击"编辑"菜单，选择"导入地图"，选择要导入地图的格式，再选择要导入的地图文件，点击"打开"。在"地图"窗口中点击"Select Maps Display"按钮 ≋，选中想要显示的地图图层，点击"OK"。适当调整显示比例和位置，能够看到加载的地图。（注意：在选择地图时，如果需要同时导入多个地图，可以使用 Ctrl 或 Shift 键辅助操作。）

（11）选中导航栏"MultiData Analyzer"文件夹，打开右键菜单，选择不同项，能够对不同网络、不同参数和不同的专题进行分析。比如点击"LTE 分析项"下的"重叠覆盖分析"。在弹出对话框中左侧选中导入的数据文件，右侧设置参数，点击"OK"按钮，就会生成一个重叠覆盖方面的分析数据表，即输出统计报表。

（12）点击展开"统计"菜单，能够输出各种类型的统计报表。比如，点击"中国移动"→"LTE 专项测试报表"，在弹出对话框左侧选中"FTP 报告"，右侧双击"1"，选中测试数据后点击"OK"，在右下角更改输出报告的位置，点击"OK"按钮。（注意：输出统计报表的过程根据数据量大小而占用不同的时长。当数据量很大时，占用时间会很长，请一定耐心等待！）

任务 3.5　后台数据分析软件——华为 GENEX Assistant

3.5.1　软件安装

1. 检查安装环境

安装 Assistant 软件前，也需要检查安装环境是否满足条件。PC 机需具备的条件请参考表 3-2。

2. 检查 GENEX Shared 组件

和 Probe 软件一样，Assistant 的运行也需要 GENEX Shared 组件的支持。如果 PC 机中在安装 Probe 前已经安装了该组件，此步可以省略。

3. 安装 Assistant 软件

打开 Assistant 文件夹，双击"setup.exe"，按照自动安装向导的提示，逐步完成安装即可。为了方便管理，建议将 Probe 和 Assistant 的安装文件夹都放在同一个 GENEX 文件夹下。

3.5.2　软件使用

1. 数据导入

数据导入主要使用"Project"菜单下的工具栏，如图 3-81 所示。

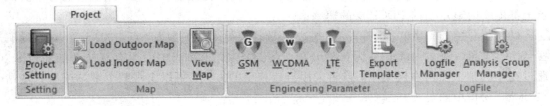

图 3-81　"Project"工具栏

1）新建工程

点击工具栏中的"New Project(Ctrl＋N)"按钮 ，打开新建工程对话框，如图 3-82 所示。在该对话框中，设置工程名称、保存路径和工程所采用的模板类型（GSM、LTE、WCDMA 等）。

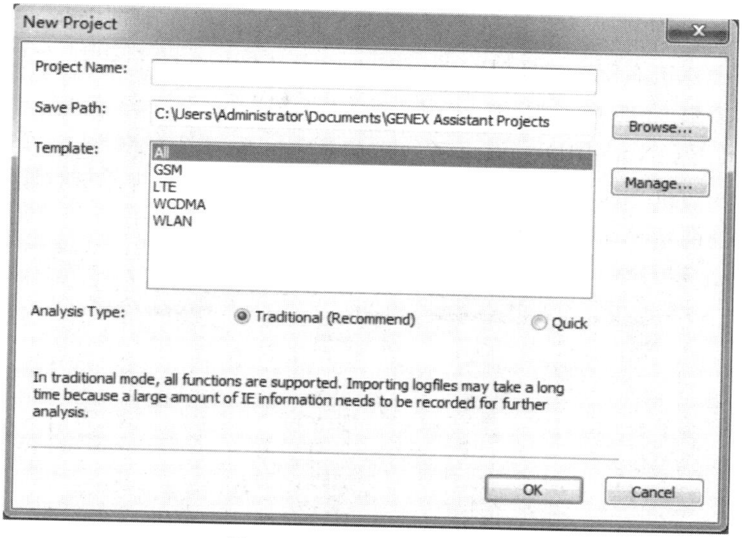

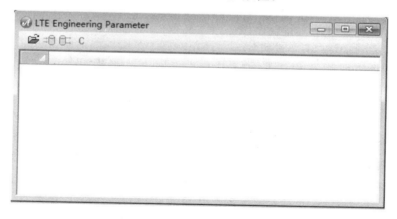

图 3 - 82　新建工程对话框

2）导入工参

点击工具栏中的图标中的下拉箭头，选择"View Engineering Parameter..."，或者双击左侧导航栏中"Site"展开项下的"LTE"，打开 LTE 工程参数窗口，如图 3 - 83 所示。点击该窗口上方的按钮，打开选择 Excel 文件对话框，如图 3 - 84 所示。在该对话框中，通过"File Path"选择要打开的工参表文件，通过"Sheet List"选择要打开的 Excel 表中的表单，通过"Area Field"选择设置表单中的参数项和参数值。

图 3 - 83　LTE 工程参数窗口

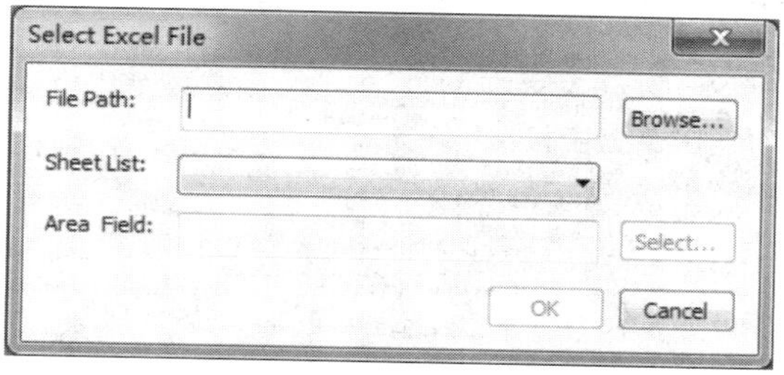

图 3 - 84　选择 Excel 文件对话框

打开后的工参表如图 3-85 所示。图中，"PCI"一项已经匹配正确。在其他各项上方的"Please Match"上点击右键，选择"Require Field"或"Optional Field"下与该列参数相符的项，完成各列参数的匹配。其中，"Require Field"下包括经度（Longitude）、纬度（Latitude）、站点号（eNodeBID）、站点名（eNodeBName）、扇区号（SectorID）、本地小区标识（LocalCellID）、小区标识（CellID）、中心频点（EARFCN）、物理小区标识（PCI）和方向角（Azimuth）。这些都是 Assistant 软件中要导入工参所必需加载的项。

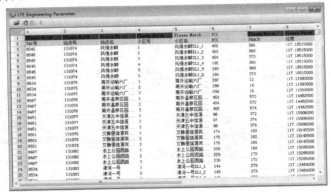

图 3-85　打开后的工参表

在完成了参数项匹配后，点击窗口上方的按钮，若必需加载的参数项都完全匹配的话，即可完成工参表的导入。否则，会弹出告警提示对话框，如图 3-86 所示。

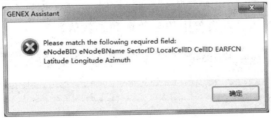

图 3-86　要求参数项匹配的对话框

3）导入地图

点击工具栏中的图标 Load Outdoor Map 或 Load Indoor Map，或者在左侧导航栏"Map"项上点击右键选择相应项，都可分别加载室外地图和室内地图，并显示在窗口中。上一步导入的工参表，也会同时以站点分布图形式显示在同一个窗口中，如图 3-87 所示。

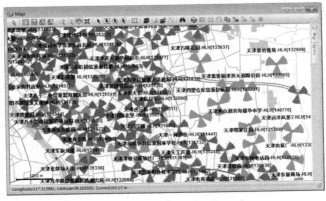

图 3-87　同时显示了地图和站点分布的窗口

4）导入测试数据

点击工具栏中的图标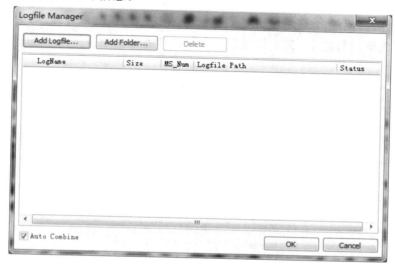，或者在左侧导航栏的"Logfile"项上点击右键，打开日志文件管理对话框，如图 3 - 88 所示。在该对话框中，点击"Add Logfile"按钮，能够打开测试日志文件。点击"Add Folder"按钮，能够打开一个文件夹中所有的测试日志文件。对话框下方同时显示所有打开的日志文件的文件名、文件大小、测试终端数量等信息。成功打开测试日志后，左侧导航栏的"Logfile"变为可展开项，点击展开该项，能够看到相应日志文件的名称和测试终端的型号等信息。

图 3 - 88　日志文件管理对话框

Assistant 支持对同一次路测过程中分割的多个日志文件进行合并，方便分析数据。Assistant 支持自动合并路测数据和按照设备合并路测数据两种方式，推荐使用自动合并方式。

· 自动合并

按照路测数据中设备的编号合并数据，适用于同一次路测过程中分割的多个日志文件，且测试过程中，设备的测试业务没有发生变化、日志文件之间时间上没有重叠的情况。设置自动合并路测数据只能在导入日志文件的过程中操作，在图 3 - 88 的日志文件管理对话框中，勾选左下方的"Auto Combine"即可。

· 按设备合并

按设备合并适用于将多个型号的终端或扫频仪的测试数据合并为一个测试数据的情况。在左侧导航栏"Project"标签页，选中一个数据集，右键选择"Combine Data"，打开"Combine Data"对话框，勾选对话框中的"By UE"。在新打开的"Pre-combine"对话框中选择多个设备（至少要选择两个设备），单击"Combine"按钮。在新打开的"Modify Device Name"对话框中，输入合并后的设备名称，单击"OK"。新设备将显示在"Post-combine"列表中。单击"OK"，完成合并操作。

2. 数据分析

数据分析主要使用"Analysis"菜单下的工具栏，如图 3 - 89 所示。

图 3 - 89 "Analysis"工具栏

1) 解压日志

点击工具栏中的图标 ，或者在左侧导航栏中的"All Logs"上点击右键，选择"Run Analysis"，打开运行分析对话框，如图 3 - 90 所示，开始解压测试日志。在该对话框中，能够实时查看日志解压的进程。解压完成后，自动打开各分析窗口和各分析项，如图 3 - 91 所示。

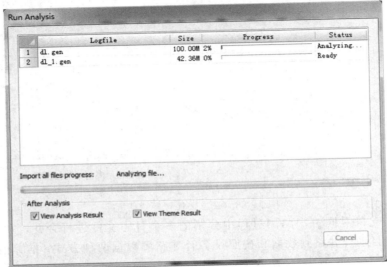

图 3 - 90 运行分析对话框

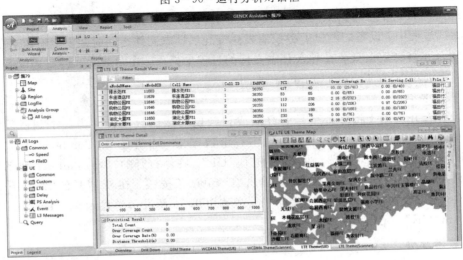

图 3 - 91 日志解压后打开的窗口

2）阈值设定

打开左侧导航栏的"Legend"选项卡，在相应指标上（如 RSRP）点击右键，选择"Edit"，打开图例范围属性对话框，如图 3-92 所示。双击"Symbol"下的任意一行，打开色标设置对话框，如图 3-93 所示。在该对话框中，可以设置相应色标对应表示的字体、字号、形状、颜色和阈值范围等。图例和色标的设置应该按照运营商的规范进行设定，可参考本书附录三《某地区联通公司色标规范》。

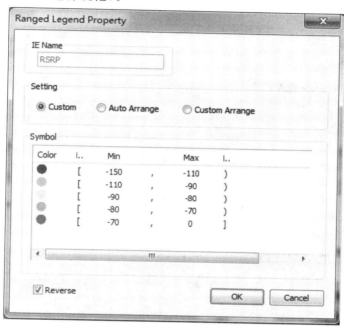

图 3-92　图例范围属性对话框

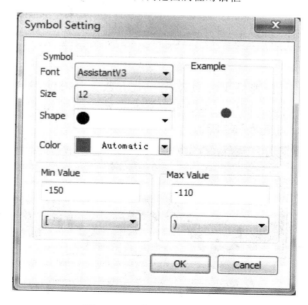

图 3-93　色标设置对话框

3）设置指标的显示方式

打开左侧导航栏的"Project"选项卡，在相应指标上（如 Serving RSSI）点击右键，选择相应选项，可以给被分析指标选择多种显示方式，常用的有：

· Display on Map（地图模式）：用于地理化显示各种测试数据，可以直观的表示数据的地理分布信息，如图 3-94 所示。

图 3-94　地图模式

· Display on Sheet（表格模式）：按时间顺序列出所查看的数据，便于用户查找数据和进行统计功能，如图 3-95 所示。

No.	Longitude	Latitude	DateTime	[Freq:1066
0	121.5235396849	31.2254962021	2005-06-24 16:18:16.609	-71.155
1	121.5234799369	31.2255857345	2005-06-24 16:18:29.490	-73.173
2	121.5233007615	31.2255609464	2005-06-24 16:18:30.921	-76.430
3	121.5232379301	31.2256344172	2005-06-24 16:18:32.022	-69.190
4	121.5232683938	31.2255966108	2005-06-24 16:18:32.323	-79.040
5	121.5232298382	31.2256793724	2005-06-24 16:18:32.911	-70.779
6	121.5232202654	31.2257240807	2005-06-24 16:18:33.929	-73.050
7	121.5232049806	31.2257678370	2005-06-24 16:18:33.975	-71.220
8	121.5231730108	31.2258545967	2005-06-24 16:18:35.380	-78.190
9	121.5231396458	31.2259407028	2005-06-24 16:18:35.546	-67.120
10	121.5231565194	31.2258977023	2005-06-24 16:18:35.939	-64.869
11	121.5231227420	31.2259844861	2005-06-24 16:18:36.939	-69.919

图 3-95　表格模式

· Display on Chart（图形模式）：便于用户查看数据随时间的分布情况。在普通的图形模式中，X 轴代表时间，Y 轴代表参数取值。在自定义图形模式中，用户可以自定义 X 和 Y 轴所代表的参数，如图 3-96 所示。

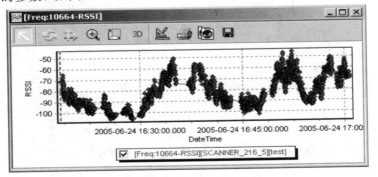

图 3-96　图形模式

• Display on Histogram（柱状图模式）：以柱状图方式统计数据的分布情况，如图3-97所示。

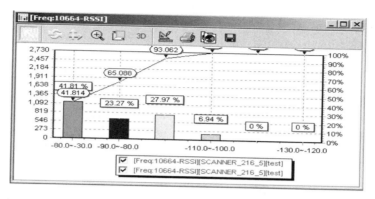

图 3-97 柱状图模式

• Display on Caky（饼状图模式）：以饼状图方式统计数据的分布情况，如图3-98所示。

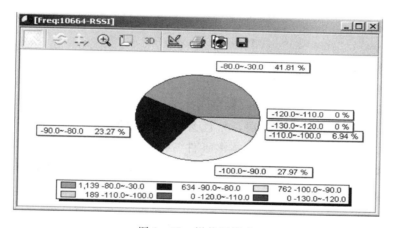

图 3-98 饼状图模式

4）单小区覆盖分析

在"Map"窗口中，单击上方的 ↖ 按钮，鼠标变为箭头形状。点击选中被分析小区的扇瓣，单击右键选择相应的分析项，如图3-99所示。

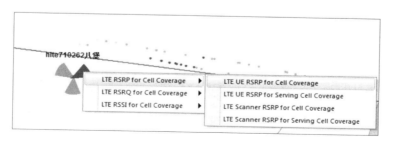

图 3-99 单小区覆盖分析

5）拉线图分析

当鼠标为箭头形状时，选中一小段测试数据，点击右键，选择"Region CellLine"选项，可以查看该段数据的拉线情况，如图 3-100 所示。

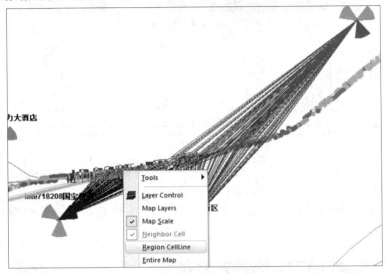

图 3-100　拉线图分析

6）异常事件分析

在左侧导航栏的下半部分的"Project"选项卡中，逐项找到并展开"All Logs→UE→Event"，直接将异常事件（如 LTEIntraFreqHOFail）拖入地图窗口。窗口右侧的"Map Layers"中会出现"Event Layer"图层，并且会显示异常事件及对应出现的次数，如图 3-101（a）所示。在窗口中双击某个异常事件，弹出"Event Drill down"对话框，如图 3-101（b）所示，点击"OK"，即弹出对该事件的分析窗口，如图 3-101（c）所示。点击 "View"菜单工具栏中的 图标中的下拉箭头，选择相应的选项，可以根据个人的习惯对分析窗口进行调整。

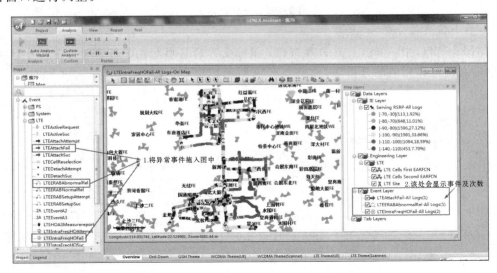

（a）

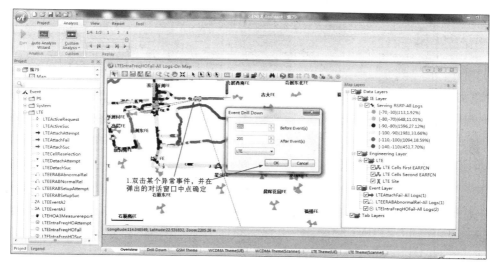

（b）

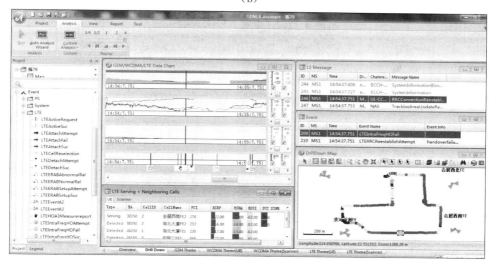

（c）

图 3-101 异常事件分析

7）定制 KPI 统计

点击"Analysis"菜单下工具栏中的图标 <img> 的下拉箭头，选择"KPI"，打开定制 KPI 管理器对话框，如图 3-102 所示。在该对话框中，"System"选择"LTE"，"Group"选择合适的 KPI 指标分组，点击"New"按钮上的下拉箭头，选择"Counting KPI"或者"Calculation KPI"，在打开的新对话框中进行某个 KPI 指标的统计自定义。

8）定制查询

点击"Analysis"菜单下工具栏中的图标 <img> 的下拉箭头，选择"Combine Query"，打开新查询对话框，如图 3-103 所示。在该对话框中，可以分别设置指标范围（IE Filter Condition）、设置时间范围（Time Filter Condition）、设置区域范围（Region Filter Condition）进行查询。

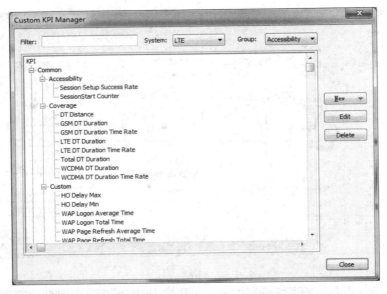

图 3 - 102 定制 KPI 管理器

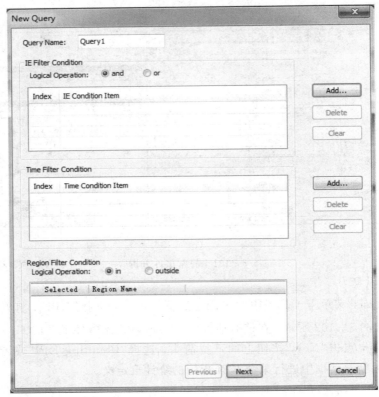

图 3 - 103 新查询对话框

3. 导出报告

Assistant 提供 LTE 制式的 UE 预定义报告模板，该模板内包含常用的 UE 分析指标，能够满足基本的分析需求。点击展开左侧导航栏上半部分的"Analysis Group"，在"All

Logs"上点击右键，选择"Report→LTE UE Report"，可以直接使用该模板生成报告。

　　Assistant 也支持在上述模板基础上用户自己修改指标，定制生成符合实际业务需要的新报告模板。点击"Report"菜单的工具栏中的图标 ，在打开的"Template"窗口中点击选中"LTE UE Report"，在右侧窗口中利用上方的工具栏或者右键菜单就可以修改自定义指标并生成新的报告模板，如图 3 - 104 所示。

图 3 - 104　定制 LTE UE 报告模板

　　点击"Report"菜单的工具栏中的图标 ，打开生成报告向导对话框。按照该向导指引，逐步完成配置，即可一次性生成一个报告。

任务 3.6　强大的地理信息功能软件——MapInfo

　　MapInfo 是由美国 MapInfo 公司于 1986 年推出的桌面地理信息系统(GIS)。MapInfo＝Mapping ＋ Information。

1. 界面认识

　　MapInfo 软件主界面及其说明如图 3 - 105 所示。

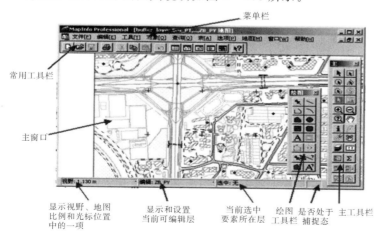

图 3 - 105　MapInfo 主界面及其说明

对 MapInfo 中三种工具栏中的各项说明分别如图 3 - 106(a)、(b)和(c)所示。

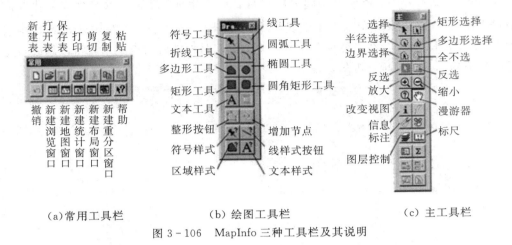

(a)常用工具栏　　　　　(b)绘图工具栏　　　　　(c)主工具栏

图 3 - 106　MapInfo 三种工具栏及其说明

2. 结构组成

MapInfo 的结构组成如图 3 - 107 所示。图中以某个"森林分布图"为例，介绍了其在 MapInfo 中的分层结构组成。"森林分布图"下面包含"行政区图"、"水系图"、"林种分布图"等多个图层，每个图层又是由多种数据文件构成的。

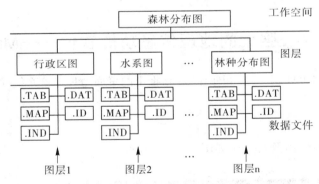

图 3 - 107　MapInfo 的结构组成

1）文件结构

MapInfo 采用多文件管理方式，一个完整的文件至少包括如下四种文件：

- ＊.TAB：描述表的结构。
- ＊.DAT：包含表格数据。
- ＊.MAP：描述图形对象。
- ＊.ID：是一个交叉引用文件，用于连接数据和对象。

注意： 要想文件正常工作，拷贝时必须完全拷贝所有文件，且必须放在同一个目录下，否则文件将不能正常打开！

2）图层（表）

MapInfo 是通过图层来管理、显示空间数据的，称为"图层控制"。而图层是用地图窗口来显示的。一个地图窗口能够显示多个地图图层，每个地图图层是一个透明图层，每个图层对应的是一个可地图化的表。通常在一个表中所有对象的属性结构都相同，把表按不同的图层叠加在一起构成完整的地图。MapInfo 中数据表和图层的关系如图 3-108 所示。

图 3-108 数据表与图层的关系

除了地图图层外，MapInfo 中还有一个特殊图层——装饰图层（Cosmetic Layer）。该图层始终存在，不能删除，也不能添加，并且始终存在于所有图层的最上端，可以编辑和选择。

3）工作空间

工作空间也可称为"工作状态"，它可以把正在工作的状态保存为一个"＊.wor"的文件，这个文件记录了所有正在工作文件的信息，下次打开可以恢复到工作空间保存时的状态。

一个图层上只能放置一种类型的地图要素（因为属性数据结构有差异），几种要素（几个图层）的有序组合形成专题意义的地图，即工作空间的概念。比如：网络优化中的电子地图和工参表图层就属于不同类型的图层，但可以同属于一个工作空间。

注：这里的工作空间与其他软件中的工程/项目文件意义相同。

3. 在网络优化中的应用

MapInfo 最基础的应用就是根据工程参数表和已有的 MapInfo 格式的电子地图制作基于数字地图的基站拓扑图（点状基站分布图或扇区级基站分布图（利用插件））。基于该基站拓扑图，可以进行如下多项数据统计应用：

· 可以基于基站相关信息，进行 BSC、MSC 及 LAC 区的划分，从而直观地反映 LAC 等区域划分的合理性。

· 可以进行区域内覆盖面积、基站个数统计，从而简单直接地计算基站的覆盖半径，为不同厂家交界优化提供数据。

· 可以创建专题图层，依据话务量参数给不同话务量等级的小区赋上不同的颜色，从而可以在网优工作中定位重要小区。

· 可以创建专题图层，依据 PCI 参数给相同模三值的小区赋上相同的颜色，从而方便直观地查看模三干扰问题。

下面以五个实际任务为例，对 MapInfo 软件的使用方法加以介绍。

3.6.1 将工参表生成点状基站分布图

任务准备：事先制作好工参表（Excel、txt 等格式均可，必须包含经度和纬度信息）。

（1）在 MapInfo 中打开电子地图。启动 MapInfo 软件，在自动弹出的"Quick Start"对话框中（如图 3-109 所示），单击选择"Open a Table"选项，再单击"Open…"按钮。

在弹出的新的对话框中，选择并打开电子地图（一般为 Tab 格式），如图 3-110 所示。

（2）在 MapInfo 中打开工参表。在 MapInfo 中点击常用工具栏中的 按钮，弹出"Open"窗口，如图 3-111 所示。

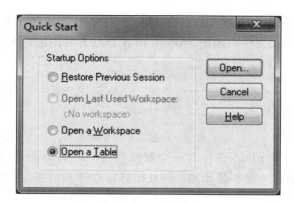

图 3-109 "Quick Start"对话框

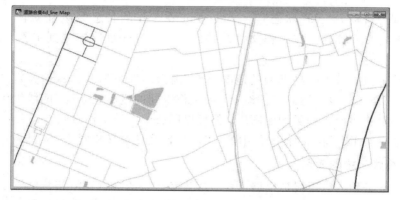

图 3-110 打开 Tab 格式的电子地图

图 3-111 "Open"窗口

在该对话框中找到工参表文件的位置,"文件类型"默认为 ∗.tab。MapInfo 支持的所有工参表文件类型如图 3 - 112 所示，这里我们选择常用的 Excel 格式工参表(* . xls 或 * . xlsx)，然后点击"打开"按钮。

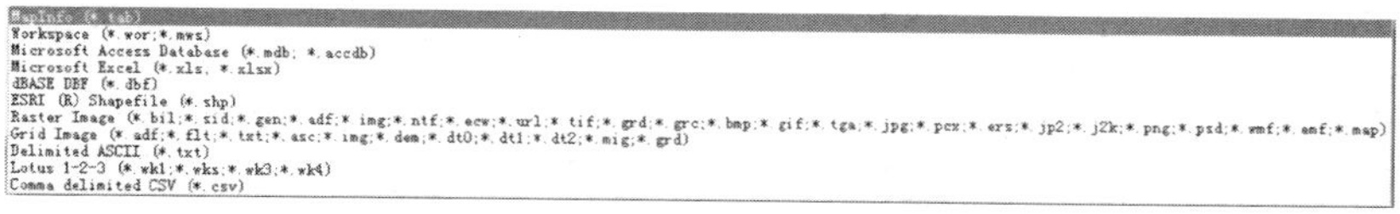

图 3 - 112　MapInfo 支持的工参表文件类型

　　系统弹出"Excel Information"对话框，如图 3 - 113 所示。首先，勾选"Use Row Above Selected Range for Column Titles"复选框，以工参表表单的第一行作为 MapInfo 中每一列数据的名称。由于一般的 Excel 文件中都包含多个表单，因此需要在该对话框的"Named Range："下拉框中具体选择打开哪一个 Excel 表单。由于一般 Excel 工参数据都存储在第一个表单中，因此应选择"Entire Worksheet Sheet1"。之后点击"OK"按钮。

　　系统接着自动弹出"Set Field Properties"对话框，如图 3 - 114 所示。在该对话框中可以修改设置每一列数据的数值类型。之后点击"OK"按钮。

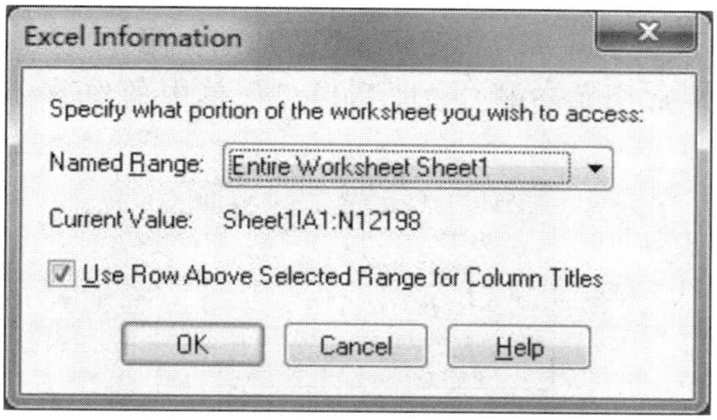

图 3 - 113　"Excel Information"对话框

图 3 - 114　"Set Field Properties"对话框

此时系统弹出 Tab 格式的工参表，如图 3 - 115 所示。

TAC号	站点号	站点名	小区号	小区名	PCI	PRACH	经度	纬度	覆盖类型	频段	方向角	双工	中心频点
8,545	131,074	风情水群	1	风情水群ZL1_1	402	366	117.185	39.1423			60		38,098
8,545	131,074	风情水群	2	风情水群ZL1_2	403	368	117.185	39.1423			190		38,098
8,545	131,074	风情水群	3	风情水群ZL1_3	404	370	117.185	39.1423			310		38,098
8,545	131,074	风情水群	4	风情水群ZL1_4	192	366	117.185	39.1423			60		37,900
8,545	131,074	风情水群	5	风情水群ZL1_5	193	368	117.185	39.1423			190		37,900
8,545	131,074	风情水群	6	风情水群ZL1_6	194	370	117.185	39.1423			310		37,900
8,534	131,075	南开运输六厂信源莲安里-	1	南开运输六厂信源莲安里-ZL1-1	297	12	117.12	39.1231			60		38,098
8,534	131,075	南开运输六厂信源莲安里-	2	南开运输六厂信源莲安里-ZL1-2	298	14	117.12	39.1231			180		38,098
8,534	131,075	南开运输六厂信源莲安里-	3	南开运输六厂信源莲安里-ZL1-3	299	16	117.12	39.1231			300		38,098
8,487	131,076	南开温泉花园拉远	1	南开温泉花园拉远ZL1_1	453	570	117.145	39.0797			40		38,098
8,487	131,076	南开温泉花园拉远	2	南开温泉花园拉远ZL1_2	454	572	117.145	39.0797			130		38,098
8,487	131,076	南开温泉花园拉远	3	南开温泉花园拉远ZL1_3	455	574	117.145	39.0797			350		38,098
8,451	131,077	天津五中信源红桥西于庄	1	天津五中信源红桥西于庄ZL1_1	96	372	117.159	39.164			70		38,098
8,451	131,077	天津五中信源红桥西于庄	2	天津五中信源红桥西于庄ZL1_2	97	374	117.159	39.164			170		38,098
8,451	131,077	天津五中信源红桥西于庄	3	天津五中信源红桥西于庄ZL1_3	98	376	117.159	39.164			270		38,098
8,501	131,078	文静里信源宾馆路-	1	文静里信源宾馆路-ZLH-1	174	180	117.191	39.0959			65		38,098
8,501	131,078	文静里信源宾馆路-	2	文静里信源宾馆路-ZLH-2	175	182	117.191	39.0959			190		38,098
8,501	131,078	文静里信源宾馆路-	3	文静里信源宾馆路-ZLH-3	176	184	117.191	39.0959			310		38,098
8,487	131,082	水上公园西路	1	水上公园西路ZL1_1	228	168	117.153	39.0836			75		38,098
8,487	131,082	水上公园西路	2	水上公园西路ZL1_2	229	170	117.153	39.0836			165		38,098
8,487	131,082	水上公园西路	3	水上公园西路ZL1_3	230	172	117.153	39.0836			330		38,098

图 3 - 115　Tab 格式的工参表

（3）将工参表制作成点状基站分布图，与电子地图在同一个窗口中显示。

在 MapInfo 中选择常用菜单栏中的"Table"菜单中的"Create Points..."项，如图 3 - 116所示。

图 3 - 116　Table 菜单

系统弹出"Create Points"对话框，如图 3 - 117 所示。

对话框中的第一行显示了引用数据的工参表的名称。点击"using Symbol："后的按钮，弹出"Symbol Style"对话框，如图 3 - 118 所示。在该对话框中可以设置代表基站的图形的字体、形状、颜色、大小等。

在"Create Points"对话框中，分别将"Get X Coordinates from Column："和"Get Y Coordinates from Column："选择设置与工参表中的经度和纬度列相对应。点击"OK"按

钮，退出当前对话框。

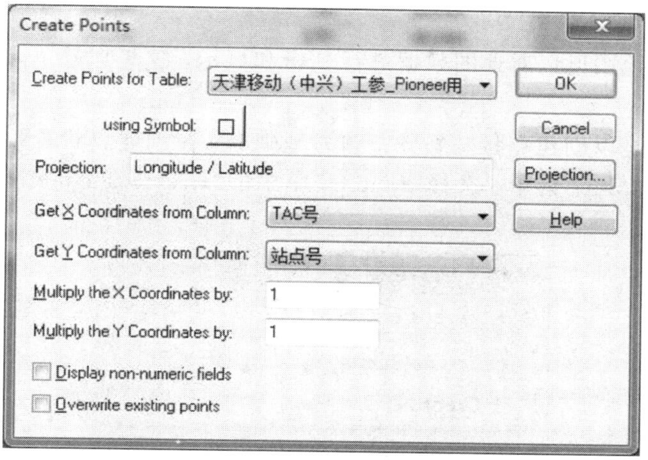

图 3 - 117 "Create Points"对话框

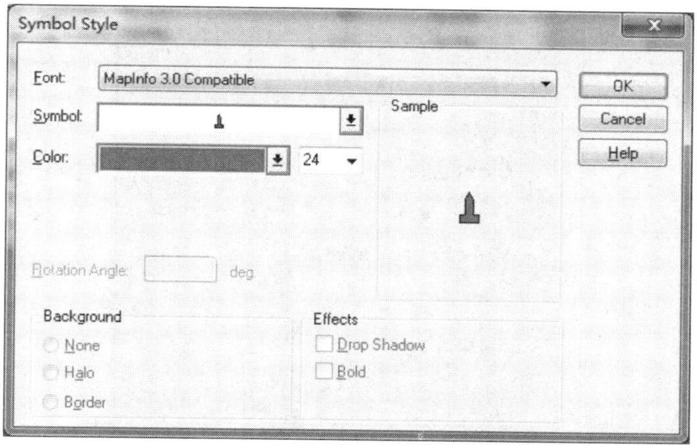

图 3 - 118 "Symbol Style"对话框

点击常用工具栏中的"New Mapper"按钮，即可打开一个新的窗口，原来加载的电子地图和新制作出的点状基站分布图都会在其中显示出来，如图 3 - 119 所示。

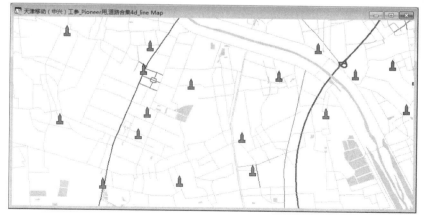

图 3 - 119 点状基站分布图

3.6.2 创建专题地图

通过创建专题地图可以对地图数据进行分析和显示，这里以建立小区 TAC 视图为例进行说明。

创建专题地图是以创建点状基站分布图为基础的。在创建点状基站分布图后，常用菜单栏中会多出一个"Map"菜单。选择"Map"菜单中的"Create Thematic Map…"选项，如图 3-120 所示。

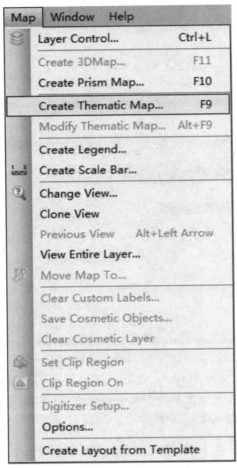

图 3-120　"Map"菜单

弹出创建专题地图第 1 步对话框，如图 3-121(a)所示。在该对话框中选择专题地图的类型为"Individual"，即"独立值"。点击"Next＞"按钮。

弹出创建专题地图第 2 步对话框，如图 3-121(b)所示。"Table："选择相应的工参表，"Field："选择"TAC 号"。点击"Next＞"按钮。

弹出创建专题地图第 3 步对话框，如图 3-121(c)所示。在该对话框中能够确定不同TAC 的显示属性，通过点击"Styles"按钮，可以调整不同 TAC 显示为不同颜色。点击"OK"按钮，完成创建专题地图的操作。

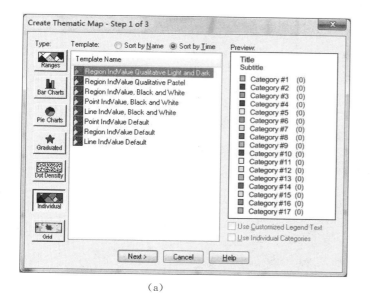

(a)

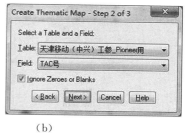

(b)

(c)

图 3 - 121 创建专题地图对话框

适当调整地图显示比例,能够看到不同 TAC 区的基站用不同颜色显示,如图 3 - 122 所示。

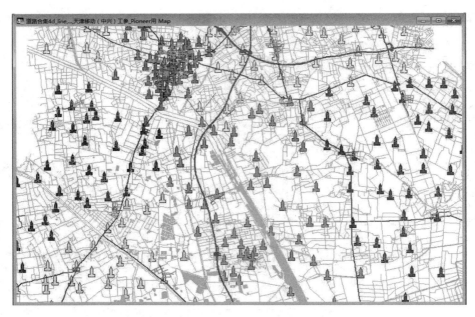

图 3-122　小区 TAC 专题地图

3.6.3　利用外置式软件创建扇区级基站分布图

这里以外置式软件"新版网优图层工具"为例，加以说明。

（1）利用"新版网优图层工具"将工参表转换成 Mif 文件格式。

① 双击启动"新版网优图层工具"，其主界面如图 3-123 所示。

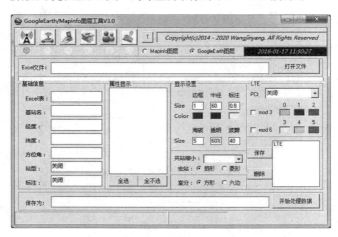

图 3-123　"新版网优图层工具"主界面

② 在主界面对话框的右上部选中"Mapinfo 图层"（默认为"GoogleEarth 图层"）。

③ 单击"Excel 文件："后的"打开文件"按钮，选择并打开 Excel 工参表，"新版网优图层工具"主界面中的"基础信息"和"属性显示"等部分自动根据打开的工参表内容进行相关显示，如图 3-124 所示。

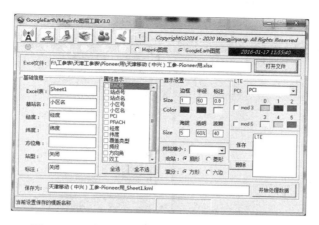

图 3 - 124　打开工参表后的"新版网优图层工具"

　　④ "基础信息"框中的每一项后面都是下拉列表形式,从下拉列表中选择合适的数据列(有的项软件已经自动匹配好;有的项软件匹配有误,需要手动选择合适的数据列)。如图中的"基站名"匹配有误,"方位角"没有进行匹配。

　　⑤ 在"属性显示"中勾选需要在 MapInfo 中显示的项前面的复选框。**注意**:在 MapInfo 中只能显示一项。如果勾选中的个复选,则最终只能显示最前面的一项。

　　⑥ 勾选右侧"mod 3"前面的复选框,按照不同扇区 PCI 值模三的结果,用不同的颜色绘制基站扇瓣,这样可以在 MapInfo 中直观查看是否存在模三干扰,否则生成的基站三个扇瓣都是同一个颜色。

　　⑦ 在"保存为:"框中可以更改要生成的 Mif 文件的名称。

　　⑧ 点击窗口右下角的"开始处理数据"按钮,窗口右下角显示处理进度。

　　⑨ 若窗口中"基础信息"选择有误,软件会弹出提示对话框;若信息无误,最后会弹出完成对话框,提示"Mif 文件已生成!",如图 3 - 125 所示。

图 3 - 125　"Mif 文件已生成!"提示

　　⑩ 关闭软件。生成的 Mif 文件与打开的 Excel 文件在同一目录下。

　　(2) 将 Mif 文件转换成 tab 表,并在 MapInfo 中打开。

　　① 启动 MapInfo 软件,点击选择常用菜单栏中的"Table"菜单中的"Import..."项。

　　② 在弹出的"Import File"对话框中,选择并打开之前生成的 Mif 文件,如图 3 - 126 所示,点击"打开"按钮。

　　③ 在弹出的"Import into Table"对话框中选择要生成的 tab 文件的位置和名称,如图

3 – 127 所示，点击"保存"按钮。

图 3 – 126　"Import File"对话框　　　　图 3 – 127　"Import into Table"对话框

④ 等待 MapInfo 窗口中鼠标形状变为正常，表示 tab 文件已生成。

⑤ 点击选择常用工具栏中的打开按钮，打开上一步生成的 tab 文件，弹出扇区级基站分布图窗口，如图 3 – 128 所示。

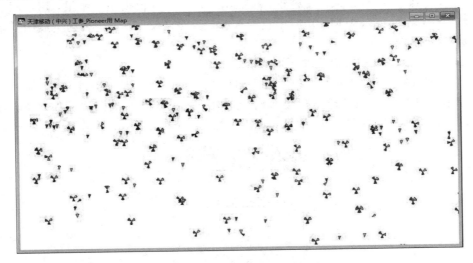

图 3 – 128　扇区级基站分布图

3.6.4　利用内置式插件创建扇区级基站地图

（1）打开 MapInfo 软件，关闭弹出的"Quick Start"对话框。

（2）添加内置式插件，使菜单栏出现该插件对应的菜单项。

① 选择"Tools"菜单下的"Tool Manager..."选项。

② 弹出"Tool Manager"对话框中，如图 3 – 129 所示。在该对话框中点击"Add Tool..."按钮，弹出"Add Tool"对话框，如图 3 – 130 所示。

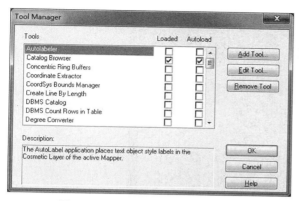

图 3 - 129 "Tool Manager"对话框

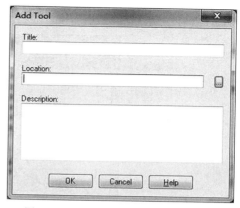

图 3 - 130 "Add Tool"对话框

③ 在"Add Tool"对话框中,点击"Location"右侧的按钮 📄,打开"Select MapBasic Program"对话框,如图 3 - 131 所示,找到插件的位置,点击"打开"按钮。

④ 返回"Add Tool"对话框,在"Title:"文本框中输入合适的插件名称,点击下方的"OK"按钮。

⑤ 返回"Tool Manager"对话框,在"Tools"下拉列表中找到刚才添加的插件,选中插件后面对应的"Loaded"和"Autoload"复选框,点击右下方的"OK"按钮。

MapInfo 的常用菜单栏中自动多了一个"GCI - CDMA Tools"菜单。

图 3 - 131 "Select MapBasic Program"对话框

(3)打开一个 txt 工参表。

① 在 MapInfo 中点击常用工具栏中的 📄 按钮,弹出"Open"对话框。

② 在该对话框中找到工参表文件的位置,选择"文件类型"为 txt,然后点击"打开"按

钮。弹出"Delimited ASCII Information"对话框，如图 3 - 132 所示。

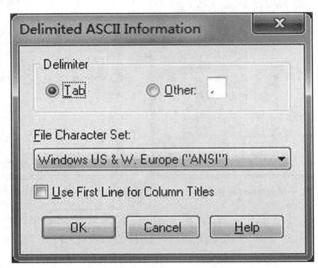

图 3 - 132 "Delimited ASCII Information"对话框

③ 在"Delimited ASCII Information"对话框中，首先勾选"Use First Line for Column Titles"复选框，然后在"File Character Set："下拉框中选择 "DOS Extended ASCII [Code Page 437]"选项，最后单击"OK"按钮。弹出转换成了 Tab 格式的工参表窗口，如图 3 - 133 所示。

	SITE_NAME	eNodeB_ID	CELL_NAME	EARFCt	PCI	LON
☐	河北津浦北路-HBFO	115,362	河北津浦北路-HBFO-0	1,825	126	
☐	河北津浦北路-HBFO	115,362	河北津浦北路-HBFO-1	1,825	127	
☐	河北津浦北路-HBFO	115,362	河北津浦北路-HBFO-2	1,825	128	
☐	河东瑞达酒店-HDFO	115,925	河东瑞达酒店-HDFO-0	1,825	11	
☐	河东瑞达酒店-HDFO	115,925	河东瑞达酒店-HDFO-1	1,825	9	
☐	河东瑞达酒店-HDFO	115,925	河东瑞达酒店-HDFO-2	1,825	10	
☐	河东新东方家园-HDFO	115,942	河东新东方家园-HDFO-0	1,825	225	
☐	河东新东方家园-HDFO	115,942	河东新东方家园-HDFO-1	1,825	226	
☐	河东新东方家园-HDFO	115,942	河东新东方家园-HDFO-2	1,825	227	
☐	河东凤岐东里-HDFO	115,930	河东凤岐东里-HDFO-0	1,825	162	
☐	河东凤岐东里-HDFO	115,930	河东凤岐东里-HDFO-1	1,825	163	
☐	河东凤岐东里-HDFO	115,930	河东凤岐东里-HDFO-2	1,825	164	
☐	河北桥园里东-HBFO	115,359	河北桥园里东-HBFO-0	1,825	171	
☐	河北桥园里东-HBFO	115,359	河北桥园里东-HBFO-1	1,825	172	
☐	河北桥园里东-HBFO	115,359	河北桥园里东-HBFO-2	1,825	173	
☐	河北赵沽里大街-HBFO	115,361	河北赵沽里大街-HBFO-0	1,825	282	
☐	河北赵沽里大街-HBFO	115,361	河北赵沽里大街-HBFO-1	1,825	283	

图 3 - 133 转换成 Tab 格式的工参表

（4）创建扇区级基站分布图。

① 点击"GCI - CDMA tools"菜单，选择下面的"三扇区站点生成器..."选项。

② 弹出"基站图形化生成向导"对话框，如图 3 - 134 所示。

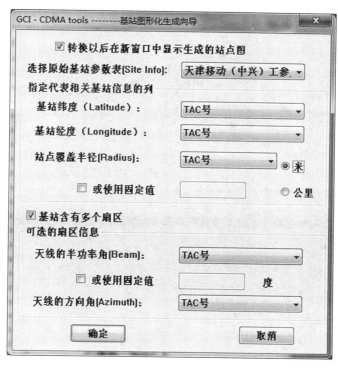

图 3 - 134　基站图形化生成向导

③ 在"基站图形化生成向导"对话框中，显示有基站工参表的名称。从工参表中选择合适的项对应对话框中的基站经度、纬度、方向角。"站点覆盖半径"和"天线的半功率角"可以选用工参表中的项，也可以自己输入固定值。例如：设置站点覆盖半径为 100 米，半功率角为 65 度。设置完成后，单击"确定"按钮。能够看到转换状态进度框，如图 3 - 135 所示。

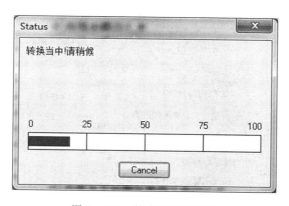

图 3 - 135　状态转换进度框

④ 转换完成后，自动弹出"将生成的站点图保存为"对话框，选择要生成的 Tab 文件的位置和名称，点击"保存"按钮。

⑤ 弹出三扇区基站分布图，如图 3 - 136 所示。利用鼠标滚轴，放大基站显示比例。也可以选择主工具栏中的 按钮，调整显示位置。此时能够看出三扇区形状的基站，如图 3 - 137 所示。

图 3 - 136　三扇区基站分布图

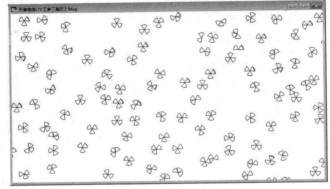

图 3 - 137　放大显示后的三扇区基站分布图

⑥ 在"Main"工具栏中点击"Layer Control"按钮 ，打开 Layer Control 对话框。在该对话框中的三扇区 Tab 文件名后，把"Automatic Labels" 由"Off"改设为"On"，地图窗口中显示出所有小区名称，如图 3 - 138 所示。

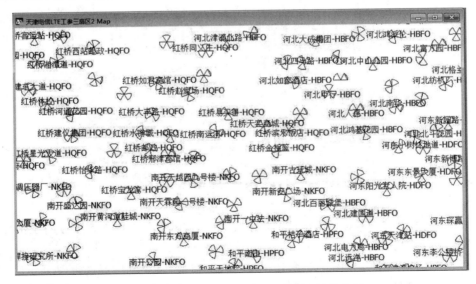

图 3 - 138　显示小区名称的三扇区基站分布图

3.6.5 绘制指定区域的行车路线图

（1）点击"File→New Table..."，打开"New Table"对话框，如图 3－139 所示。

（2）选中"Add to Current Mapper"前的复选框和"Create New"单选项，点击"Create..."按钮，打开"New Table Structure"对话框，如图 3－140 所示。

图 3－139 "New Table"对话框 　　　　图 3－140 "New Table Structure"对话框

（3）在"New Table Structure"对话框的"Name："文本框中输入新建图层文件名，点击"Create..."按钮，打开"Create New Table"对话框，如图 3－141 所示。

图 3－141 "Create New Table"对话框

（4）在"Create New Table"对话框中输入新建的图层文件名，点击"保存"按钮。

（5）点击主工具栏中的 按钮，拖动地图，定位到被测区域。

（6）点击"Drawing"工具栏中的 按钮，打开"Line Style"对话框，如图 3－142 所示。

（7）在"Line Style"对话框中，选择 B14 线型，修改颜色，线宽为 3 Pixels，点击"OK"按钮。

（8）点击"Drawing"工具栏中的 按钮，开始绘制行车路线。绘制好的行车路线图如

图 3-143 所示。（注意：行车路线图一定要绘制在新建图层上，且绘制时一定要保证新建图层处于"可编辑"状态，即 为"On"状态。）

（9）保存文件。

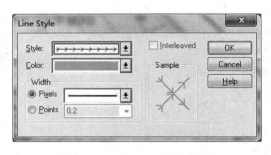

图 3-142 "Line Style"对话框

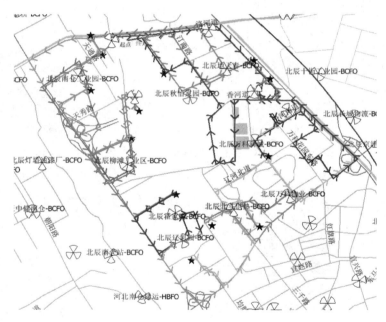

图 3-143 绘制好的行车路线图

任务 3.7 手机测试软件——鼎利 Pilot WalkTour

Pilot WalkTour 是基于移动终端设备（手机）的网络优化测试软件，测试数据临时存储在手机存储卡中，可以通过数据线上传到计算机中利用 Pilot Navigator 等软件进行测试回放和数据分析，也可以通过无线网络上传到 Pilot Fleet 平台。下面以支持中国移动的索尼 M35T 手机为例，介绍手机中 Pilot Walk Tour 的使用方法。

3.7.1 测试前准备

在每次测试前要将手机的网络模式、手机时间等设置好，否则会影响正常测试。

1. 手机系统设置

1）网络模式

在插入 USIM 卡后，双击打开手机"设定"，点击"更多网络"→"移动网络"→"网络模式"，选择首选网络模式。可选的网络模式有：仅 2G、仅 3G、仅 4G、3G（首选）/2G 和 4G（首选）/3G/2G。

注：若是手机无法自动选择 4G 网络，可将手机先强制切换到 3G/2G 制式，再更改为 4G/3G/2G 制式以触发终端的网络选择行为。

2）日期和时间

在每次测试前，先检查手机的时间是否与当前时间相符，特别是两台语音互拨终端的时间必须设置为一致。

点击"设定"→"日期和时间"，先关闭"自动设定日期和时间"开关；在"设置日期"和"设置时间"中设置为当前日期和时间。设定完当前时间后，再请开启"自动设定日期和时间"，在测试前一定保证主被叫时间一致。

3）定位服务

在每次室外测试前，要检查手机的定位服务已经开启。点击"设定"→"位置服务"，开启"访问我的位置信息"开关。

2. 软件设置

1）APN 接入点设置

双击 Pilot WalkTour 软件，打开 Pilot WalkTour 主界面，如图 3-144 所示。点击"业务测试"，进入"业务测试"界面，如图 3-145 所示。在该界面点击"设置"，在"常规"页面进行 APN（接入点名称）的相关设置：

· 将"Internet 接入点"设置为"CMNET"；

· 将"WAP 接入点"设置为"CMWAP"。

图 3-144　Pilot WalkTour 主界面

图 3-145　业务测试界面

2）Fleet 服务器设置

在"设置"的"常规"页面，点击"数据服务器"，选择"Fleet 服务器"。将数据上传的后台服务器设置为鼎利后台 Pilot Fleet 服务器，同时设置正确的"Fleet 服务器 IP"和"Fleet 服务器端口"。

3）FTP 服务器设置

在"设置"的"FTP"页面，点击左下角的"新建 FTP"，输入 FTP 服务器相关信息，包括服务器名称、IP 地址、端口、用户名、密码、连接模式等，点击"保存"按钮。其中，连接模式选择"被动"。

4）告警设置

为避免声音告警对语音互拨 MOS 测试产生影响，要在开始测试前对于进行语音 MOS 互拨业务的测试终端进行关闭声音告警提示。

在"设置"的"告警"页面，将三个"声音告警"开关全部关闭。

5）分割时长设置

在"设置"的"常规"页面，"数据分割方式"选择"按测试时长"，将"分割时长"设置为需要的正确数值。

3.7.2 业务下载

测试任务可以自己在手机终端进行设置，也可以从服务器上下载。测试数据要上传 Fleet 服务器，测试任务必须从 Fleet 服务器下载，且不能进行自行编辑和修改。

在 Pilot WalkTour 主界面，点击"业务测试"→"测试任务"→"下载"，即可完成测试任务的下载。

3.7.3 开始和停止测试

1．开始测试

在 Pilot WalkTour 主界面，点击"业务测试"→"开始测试"。根据测试需要，选择测试方式：DT 或者 CQT。

若选择 DT 测试，要保证经/纬度信息出现后，再开始测试。输入外循环测试的次数，一般 DT 测试输入 999 次，以保证测试的持续性。

2．测试信息查看

开始测试后，点击"业务测试"界面中的"测试信息"，可以对当前测试状态进行实时状态的查看，可以查看的信息包括：地图、基本信息、无线参数和告警。

3．停止测试

开始测试后，"开始测试"按钮变成"停止测试"按钮，点击该按钮即可停止当前测试任务。

4．数据的拷贝与保存

（1）将手机连接到电脑上，在"我的电脑"中可以查看到该移动设备 📱 **Xperia SP** Xperia SP。

（2）RCU 格式测试数据路径在 Walktour\data\task；ddib 格式测试数据路径在 Walktour\data\ddib；上交数据时，一并提供测试地点对应的时间点信息。

（3）测试模板数据路径在 Walktour\task。

（4）测试数据按照开始时间和业务命名，因此根据测试开始的时间和业务可识别每个时间段的测试数据。

例如：Android－OUT20131211－111513－FTPU_FTPD_HTTPLogin(1)。

（5）为避免因为软件和硬件的异常导致的测试数据丢失的情况，测试数据会自动保存和备份，默认异常情况下的测试数据根据结束时的时间命名，例如：OUT20131211－125248_Port2。根据测试结束的时间可识别时间段的测试数据。

注：如果找不到数据，请重新插拔设备。

5. 数据上传

如果需要与 Fleet 服务器进行交互，则需要上传测试数据。首先要完成前述 Fleet 服务器的设置，然后在"业务测试"界面点击"数据管理"，勾选所要上传至服务器的数据，然后点击"上传"，完成测试数据的上传。

3.7.4　测试注意事项

1. DT 测试 GPS 采集

在开始测试前，要先打开 GPS 开关，并要定位到 GPS 经纬度后再开始测试。

2. 语音互拨业务

· 要保证主被叫时间一致，并开启自动获取网络时间。

· 主被叫互拨测试，一定要先开始被叫测试（被叫事件出现 Start Dail 之后），再开始主叫测试，以保证统计的准确性和完整性。

· MOS 测试主被叫耳机头要根据耳机头上的标签进行主被叫匹配，主被叫耳机头不可混用；注意耳机头要完全插入耳机孔。

· 不要使用车载逆变器的电源对 MOS 测试手机进行充电，应使用电池或者移动电源。

· 测试过程中，如果出现如图 3－146 所示提示，点击"确认"即可。

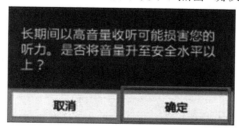

图 3－146　测试过程中的音量提示对话框

任务 3.8　测试管理平台——鼎利 Pilot Fleet

Pilot Fleet 是鼎利公司开发的网络优化测试管理平台。其主要功能如下：

（1）设备管控：Pilot Fleet 支持管控鼎利所有的测试终端，可以用 Excel 快速批量导入设备；可以对设备长期状态统计；可以用 GIS 实时监控设备的测试情况；可以对设备按区域、按类型归类。

（2）测试管控：支持测试计划批量应用。

（3）数据管理：支持海量数据管理功能，可以按区域、按项目系统归类；具有强大的复合查询功能；可以查看解码信息；支持 GIS 定位。

（4）数据分析：支持宏观与微观相结合的多种专题分析；支持宏观呈现与微观分析相结合；支持系统评估专题；支持网络优化专题；支持测试监督专题。

（5）统计报表：能够输出符合运营商规范要求的报表报告。

Pilot Fleet 平台支持的文件格式如下：

- rcu：RCU 设备测试记录或鼎利前台软件测试数据；
- log：RCU 设备测试 GSM；
- loc：RCU 设备测试 CDMA2000；
- low：RCU 设备测试 WCDMA；
- lot：RCU 设备测试 TD – SCDMA；
- loe：RCU 设备测试 EVDO。

1. 登录方法

（1）打开浏览器（建议用 IE7、IE8、Chrome 或 Firefox）。

（2）输入服务器 IP 地址（具体请与鼎利公司联系获取）：

（3）出现 Fleet 平台登录界面，如图 3 – 147 所示，输入用户名和密码。

图 3 – 147　Pilot Fleet 登录界面

2. 基本使用步骤

（1）进入 测试管理 页面，设置测试计划。

① 在"测试管理"页面中，首先点击展开左侧的"测试模板"，选择相应的模板类型，如"RCU/ATU 测试模板"。然后点击工具栏中的"新增模板"按钮，如图 3 – 148 所示。

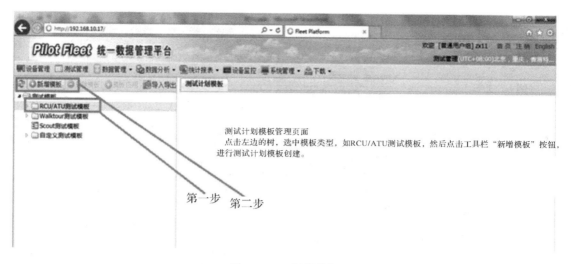

图 3 - 148 新增模板

② 在图 3 - 149(a)中，设置模板的各种"基本信息"，包括：计划名称、执行周期、开始时间、回传模块端口、设置拨号连接的模板等，并保存这些设置。然后点击工具栏中的"新增端口"按钮，打开"端口信息"对话框，进行端口设置，如图 3 - 149(b)所示。

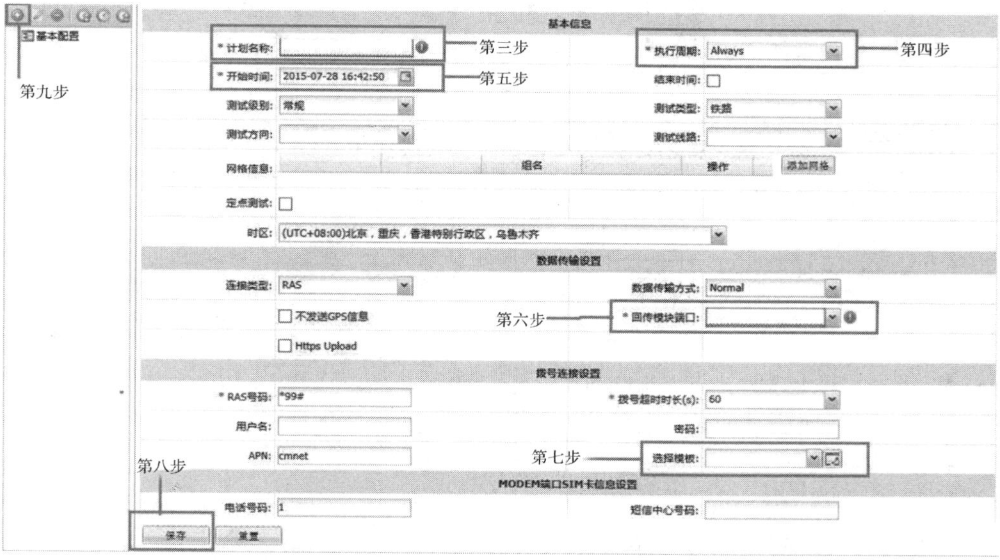

（a）

（b）

图 3 - 149 设置模板

③ 在新增时间上"添加业务"，如图 3 - 150(a)、(b)和(c)所示。

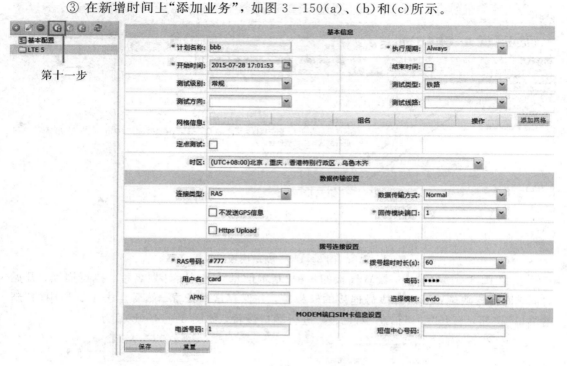

第十一步

（a）

第十二步

第十三步

（b）

第十四步

（c）

图 3 - 150　添加业务

④"模板应用",如图 3-151(a)和(b)所示。

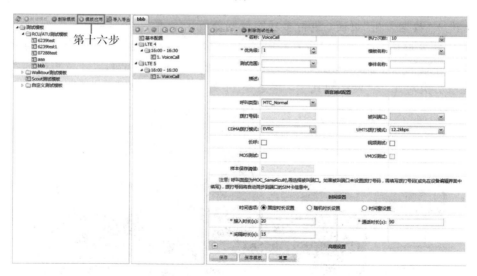

（a）

（b）

图 3-151 模板应用

（2）进入 **设备管理** 页面,将测试计划应用到具体设备上,如图 3-152 所示。

① 在"设备管理"页面左侧的"测试模板"中选中上一步设置好的测试计划,图中为"bbb";

② 在"设备列表"下点击选中具体设备,点击"确定"后,再点击,将测试计划应用到具体设备上。

第十七步

图 3-152　将测试计划应用到具体设备上

（3）进入 <u>数据管理 ▾</u> 页面，查看下载自动回传的测试数据，如图 3-153 所示。

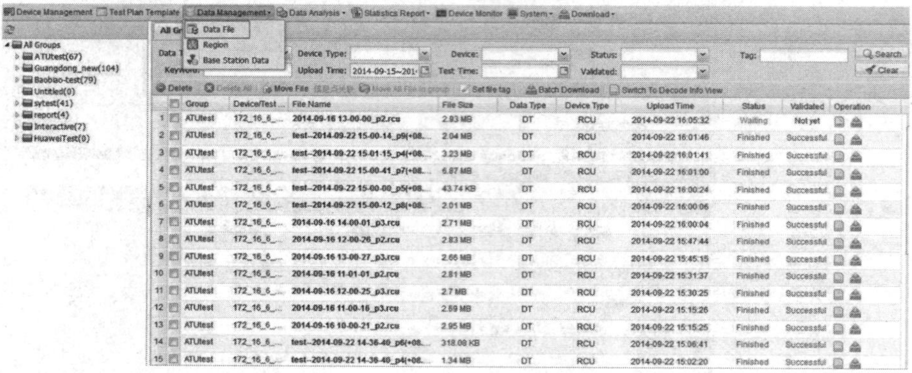

图 3-153　数据管理

（4）进入"数据分析"页面，进行多功能数据分析。

路测数据分析功能主要针对带有 GPS 的测试数据进行分析呈现。数据分析包括"参数查询"、"事件查询"、"参数对比"、"双关联参数分析"、"参数评估"、"区域对比"、"问题栅格"、"区域历史对比"、"网络对比"、"渗透率"十方面的内容，如图 3-154 所示。

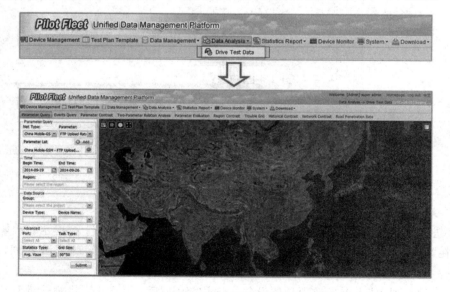

图 3-154　数据分析

思考与练习

1. 选择题

（1）BCH 的传输时间间隔是（   ）。

A. 10 ms   B. 20 ms   C. 40 ms   D. 80 ms

（2）假定小区输出总功率为 46dBm，在 2 天线时，单天线功率是（   ）。

A. 46 dBm   B. 43 dBm   C. 49 dBm   D. 40 dBm

（3）下列对于 LTE 系统中下行参考信号目的描述错误的是（   ）。

A. 下行信道质量测量（又称为信道探测）

B. 下行信道估计，用于 UE 端的相干检测和解调

C. 小区搜索   D. 时间和频率同步。

（4）基站天线多采用线极化方式，其中双极化天线多采用（   ）双线极化。

A. ±30°   B. ±45°   C. ±90°   D. ±120°

（5）机械下倾方式有一个缺陷是天线后瓣会（   ），对相邻扇区造成干扰，引起近区高层用户手机掉话。

A. 上翘   B. 下倾   C. 变大   D. 保持不变

（6）切换判决过程是由（   ）决定的。

A. UE   B. eNodeB   C. EPC   D. MME

（7）TD-LTE 的波束赋形天线配置基站，要求 UE 直接进入复用模式，则参数 transmission Mode 可以设置为（   ）。

A. TM7   B. TM3   C. TM4   D. TM8

（8）TD-LTE 网络容量在无线网络部分的受限因素一般包括（   ）。

A. 干扰   B. 功率   C. 子帧配比   D. S1 接口容量

2. 判断题

（1）极化天线主要分为垂直极化，平行极化和交叉极化 3 种。（   ）

（2）LTE 协议中定义的各种 MIMO 方式对于 FDD 系统和 TDD 系统都适用。（   ）

（3）对于同一个 UE，PUSCH 和 PUCCH 可以同时进行传输。（   ）

3. 简答题

简述 TD-LTE 系统中基于竞争的随机接入流程。

项目四　前台测试训练

本项目首先将测试中常见问题及其解决方法归纳如下：

（1）问题：软件掉死。

　　解决办法：一般重新连接即可。

（2）问题：PC 接口不稳定，导致设备总断连。

　　解决办法：重换接口或者换接口兼容性高的 PC 机。

（3）问题：终端手机掉死。

　　解决办法：一般重新开关机后，即恢复正常。

（4）问题：因欠费导致终端手机与 PC 机连接不上。

　　解决办法：提前查询，以确保手机中有充足的话费。

任务 4.1　前台测试指标

LTE 网络优化前台测试指标主要有：RSRP、RS－CINR、RSRQ、SINR 和 RSSI，其中，最重要的是 RSRP 和 SINR。下面分别具体加以介绍：

1）参考信号接收功率（RSRP）

RSRP 定义为在测量频宽内承载 RS 的所有 RE 功率的线性平均值。RSRP 用来指示信号覆盖强弱的绝对值，在一定程度上可以反映出移动台距离基站的远近情况。当 RSRP 小于某一门限阈值时，认为是弱覆盖。RSRP 在 UE 的测量参考点为天线连接器。

2）参考信号载波与干扰和噪声之比（RS－CINR）

RS－CINR 用来指示信道覆盖质量好坏的指标。RS－CINR 与网络负荷相关，网络负荷越高 RS－CINR 越差。因此，在不同的网络加载下的 RS－CINR 优化目标不同。

3）接收信号强度指示 RSSI

UE 探测带宽内一个 OFDM 符号所有 RE 上的总接收功率（若是 20M 的系统带宽，当没有下行数据时，则为 200 个导频 RE 上接收功率总和；当有下行数据时，则为 1200 个 RE 上接收功率总和），包括服务小区和非服务小区信号、相邻信道干扰，系统内部热噪声等。即为总功率为 S＋I＋N，其中 I 为干扰功率，N 为噪声功率。

RSSI 用来反映当前信道的接收信号强度和干扰程度。

4）参考信号接收质量（RSRQ）

RSRQ 定义为小区参考信号功率相对小区所有信号功率的比值，反映的是系统实际覆盖情况。RSRQ 定义为：

$$RSRQ = \frac{N \times RSRP}{E－UTRA \ carrier \ RSSI} \qquad (4－1)$$

即

$$RSRQ = 10lgN + \text{UE 所处位置接收到的主服务小区的 RSRP} - RSSI \qquad (4-2)$$

其中 N 为 UE 测量系统频宽内 RB 的数目。

RSRQ 不但与承载 RS 的 RE 功率相关，还与承载用户数据的 RE 功率以及邻区的干扰相关，因而 RSRQ 是随着网络负荷和干扰的变化而变化的，即网络负荷越大，干扰越大，RSRQ 测量值越小。

5) 物理下行控制信道信号与干扰和噪声之比（PDCCH SINR）

PDCCH SINR 的一般计算公式为

$$\text{PDCCH SINR} = \frac{\text{所属最佳服务小区的信道接收功率}}{\text{覆盖小区信道在该处的干扰}} \qquad (4-3)$$

PDCCH SINR 用来指示 PDCCH 信道受干扰程度，即信道质量好坏的指标。

目前，由于 LTE 网络还不能支持语音业务，要实现语音业务，必须回落到 2G/3G 网络。因此，除了上述 LTE 网络性能指标外，前台测试还要同时了解 2G/3G 网络的性能指标，以便进行对比分析。中国移动 2G/3G/4G 网络前台测试关键性能指标如表 4-1 所示。

表 4-1　中国移动 2G/3G/4G 网络前台测试关键性能指标

系统　　　　指标	覆盖	干扰（质量）
LTE	RSRP	SINR
3G	PCCPCH　RSCP	PCCPCH C/I
2G	RxLevelFull	BCCH C/I 和 TCH C/I

任务 4.2　测试用工参表

无论在网络优化的哪个阶段，前台测试都必须携带最新的基站工程参数表（简称工参表）。工参表包含被测试区域及相关区域中所有的基站相关信息（经纬度、基站名称、小区名称、PCI 等）。工参表不仅是前台测试和后台分析等软件必须使用的内容，同时也是前台测试人员进行测试的重要依据。这里以天津联通的 LTE 网络工参表为例，对工参表中重要项加以详细说明。天津联通 LTE 网络的情况如表 4-2 所示。由表可见，TD-LTE 在现网中主要用于室外宏站，室分站都采用 FDD 制式。

表 4-2　天津联通 LTE 网络情况

基站设备厂家	LTE 网络类型	分布区域
华为	FDD	市区大部分（室分和宏站）
大唐	TDD	市区少部分（宏站）
中兴	FDD	郊县（室分和宏站）
	TDD	郊县（宏站）

工参表中相关参数信息如下：

1. 基站名（eNodeB Name）

命名规则为：区域 ＋ 标志性建筑或单位名称 ＋ F 或 T

说明：

- "F"代表 FDD，"T"代表 TDD；
- 室外宏站如：宝坻 财大校区 F；
- 室分站如：塘沽 永旺购物广场 F。

2. BBU 名称（BBU Name）

命名规则为：区域 ＋ 标志性建筑或单位名称 ＋ BBUX ＋ F

说明：

- 仅限室分宏站；
- X：BBU 的序号；
- 如：塘沽 滨海局 BBU1 F。

3. RRU 名称（RRU Name）

命名规则："BBU 名称 F"＋"室分系统名称 RRU"＋"XYZ"

说明：

- X：所属 BBU 的光口号，从 1 开始编号；
- Y：代表此 RRU 开通的第几个载波，从 1 开始编号，顺序为 1、2、3、4、……。

（注：在 LTE 系统中，一个载波对应一个小区，而扇区由方位角确定，所以一个扇区根据包含的载波数，可以包含多个小区。扇区和小区的关系如图 4-1 所示。）

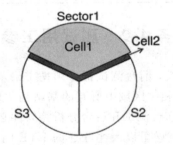

图 4-1 LTE 系统中扇区和小区关系图

- Z：代表所属 BBU 的 X 光口下级联的第几个 RRU，从 1 开始编号（同一个 BBU 下 RRU 级联情况如图 4-2 所示）。

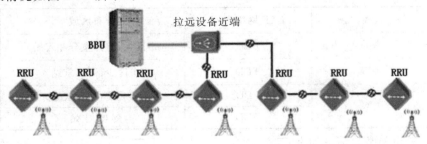

图 4-2 同一个 BBU 下 RRU 级联情况

- 对应一个室分小区<u>塘沽滨海局 BBU1F 永旺购物广场 RRU 111</u>，其包含的四个 RRU 分别为：

<u>塘沽滨海局 BBU1F 永旺购物广场 RRU</u> 111
<u>塘沽滨海局 BBU1F 永旺购物广场 RRU</u> 112
<u>塘沽滨海局 BBU1F 永旺购物广场 RRU</u> 113
<u>塘沽滨海局 BBU1F 永旺购物广场 RRU</u> 114

4. 小区名称(Cell Name)

命名规则为："基站名"＋"小区 ID"

说明：

- 高铁命名在"小区 ID"前面加 JJ、JH，代表不同的高铁线路；
- 室分站同一个 BBU 光口下级联的几个 RRU 都划分为同一扇区，即一个 BBU 光口对应一个扇区(单载波情况下，扇区＝小区)；
- 室外宏站小区如：<u>宝坻 财大校区 F 11</u>；
- 室分站小区如：<u>塘沽滨海局 BBU1F 永旺购物广场 RRU 111</u>。

5. 基站 ID(eNodeB ID)

说明：

- 全网规划：不同厂家、不同制式分属不同范围；
- 由 5 位十进制数组成；
- 室外宏站从小往大编号，例如中兴 FDD - LTE 基站 ID 从 57344 往大编；
- 室分站从大往小编，例如中兴 FDD - LTE 基站 ID 从 61439 往小编；
- 华为 FDD - LTE 基站 ID 范围为：53 248～57 343，中兴 FDD - LTE 基站 ID 范围为：57 344～61 439，大唐 FDD - LTE 基站 ID 范围为：61 440～61 951，中兴 TDD - LTE 基站 ID 范围为：61 440～61 951；
- 预留：62 464 - 65 535；
- 中兴 FDD - LTE 基站如："塘沽第五中心医院 F"的基站 ID 是 59 581。

6. 小区 ID(Cell ID)

小区 ID 由两位十进制数 X 和 Y 构成。

(1) 室外宏站。

- X：载波号，FDD 从 1 开始编号，顺序为 1、2、3 递增，TDD 从 9 开始编号，顺序为 9、8、7 递减；
- Y：扇区号，按照方位角从正北开始从 1 开始编号，顺序递增；
- FDD - LTE 小区 ID：11 12 13；21 22 23；……
- TDD - LTE 小区 ID：91 92 93；81 82 83；……

(2) 室分站：与基站 ID 合并为 7 位 ECI 形式。

- X：载波号；
- Y：RRU 占用的 BBU 光口号；
- 小区数＝载波数/扇区×扇区数；
- 小区名称与小区 ID 一一对应；

- FDD – LTE 室分站小区 ECI 如：
  > 塘沽解放路局 BBU2F 第五中心医院 RRU211 的小区 ID 为：<u>59581</u> <u>12</u>
  > 塘沽解放路局 BBU2F 第五中心医院 RRU111 的小区 ID 为：<u>59581</u> <u>11</u>

7. PRACH 根序列索引

说明：
- 室外宏站 0～737，室分站 738～797，预留 798～837；
- 边界区域：

FDD：华为使用 0～368，中兴使用 369～737；

TDD：大唐使用 0～368，中兴使用 369～737。

8. PCI

PCI 的取值范围：0～503；分配时要避免模三干扰。
- 预留 48 个 PCI 用于省际边界规划，PCI：456～503；
- 预留 30 个 PCI 用于室内覆盖规划，PCI：426～455，考虑到室分使用模 6 规划的情况较多，在预留 30 个不够使用的情况下，可以使用省际边界中预留的 48 个；
- 预留 48 个 PCI 用于 CSG 小区(Femto)规划，PCI：378～425；
- 其余 378 个 PCI 用于室外宏基站的规划，PCI：0～377。

建议：0～300 前期宏站使用，其中华为 0～149，中兴 150～299，300～377 预留后期补站和优化使用。

9. TAC(Tracking Area Code)

全网规划，一般依区县范围和簇而不同，由 4 位十进制数组成。

天津区县：以'8'开头
- 塘沽：<u>8531</u>、8533、<u>8534</u>、8535、8536，5 个簇
- 东丽：8450、<u>8534</u>
- 宝坻：8529、8530、<u>8531</u>
- 汉沽：<u>8531</u>，1 个簇
- 蓟县：8528
- 宁河：<u>8531</u>
- 北辰：<u>8534</u>

10. 站点等级(Category)

- 超级基站：每个县/市 1～2 个，传输线路采用双路由，外加卫星传输，蓄电池容量大，用于避灾，所有基站中最后"退服"。
- A 类站(一级站、VIP 站)：党政军驻地、高铁高速、大中专院校、超市大卖场等，其数量一般占 20% 左右；
- B 类站(二级站)：一般占 60% 左右；
- C 类站(三级站)：一般占 20% 左右。

11. 同一个 BBU 光口下级联的第几个 RRU

- 仅限室分站；

- 无级联、第 1 个、第 2 个、第 3 个或第 4 个；
- 如：<u>塘沽滨海局 BBU1F 永旺购物广场</u>有 4 个 RRU 级联。

12. 导频发射功率（RS EPRE）

- 由带宽、天线模式、功率等共同决定，典型值为 15 kW 或 15.2 kW，后续进入簇优化之后再按照现场的需求进行 RS 功率的调整；
- RS EPRE（Energy Per Resource Element）定义为：整个系统带宽内，所有承载下行小区专属参考信号的下行资源单元分配功率的线性平均；
- 系统可以配置 RS 功率和 PDSCH 功率，以达到优化性能、降低干扰的目的；

> RS 功率是小区级参数，由网管配置，一旦确定就不会受其他参数影响而改变，可以看做是 PDSCH 分配功能的基准功率。

> p－a 是 UE 级参数，可以随时改变。p－a＝A 类 PDSCH 功率/RS 功率。

> p－b 是小区级参数，一旦配置就不会改变。p－b＝B 类 PDSCH 功率/A 类 PD-SCH 功率。

- 建议室外宏站：PA＝－3、PB＝1；
- 建议室分站：PA＝0、PB＝0。

13. 天线所在平台

此参数仅限室外宏站，可选内容有：1～6 平台；1～6 平台下塔身；楼顶抱杆；楼顶美化罩；楼顶配重抱杆；女儿墙抱杆；塔身抱杆；屋面抱杆等。

14. 塔桅类型/铁塔类型

此参数仅限室外宏站，可选内容有：抱杆、插接杆、单管塔、共临港四角塔、管塔、机塔一体、集装箱、楼顶抱杆、楼顶美化塔、楼顶塔、楼顶增高架、落地钢杆塔、落地角钢塔、美化单管塔、美化独杆塔、美化塔、三管塔、水塔、四角角钢塔、屋面抱杆、屋面四角塔、烟囱等。

15. 子网

全网整体规划，以各省市的区号开头。天津各区域子网如下：

- 塘沽：120107
- 汉沽：120108
- 大港：120119
- 东丽：120110
- 西青：120111
- 津南：120112
- 北辰：120113
- 武清：120114
- 宝坻：120115
- 宁河：120221
- 静海：120223
- 蓟县：120225

16. 机房类型

此参数仅限室外宏站，可选项有：集装箱、局内用房、自建轻房、自建砖房、租用平房、租用砖混等。

工参表中的其余各项参数的说明如表4-3所示。

表4-3 工参表中的其他参数说明

参数名称	说 明	
	室外宏站	室分站
本地小区 ID（Local Cell ID）	与小区 ID 完全相同	
扇区 ID（Sector ID）	用 1、2、3 表示	
小区载波数	1 载波或 2 载波	
传输是否成环	是/否	是
是否 2V 电池作后备电源	是/否	是
通道（Path）		单通道、双通道或双通道带单通道天馈
小区经纬度（Longitude & Latitude）	与基站经纬度相同	
基站制式（Mode）	FDD、TDD、FDD&TDD、FDD244、TDD&FDD244	FDD
小区半径（Radius）	5000 米	
RRU 额定功率（Power）	40W/40W/40W	40W
频带（Frequency Point）	FDD：3；TDD：41	
频段（Frequency Band）	1.8G（FDD：原有 2G＋新分配）或 2.6G（TDD：新分配）	1.8G
下行频点（Downlink Frequency）	FDD：1852.5/1872.5；TDD：2565	FDD：1852.5/1872.5
带宽（Bandwidth）	随着工程进展后台网管修改频点和带宽，由 5 MHz→15 MHz→20 MHz逐渐演进	
天线类型（Antenna Type）	普通天线或美化天线	
TDD 子帧配比	SA2＝1：3	
TDD 特殊子帧配比	SSP7＝10：2：2	
天线方向类型	定向	全向
天线挂高（Height）	指天线距地面的相对高度，可以分扇区写或写成一个	
机械下倾角（MTilt）	范围：0～16° 分扇区而不同，如：3/5/5	

续表一

参数名称	说　明	
	室外宏站	室分站
电下倾角（ETilt）	范围：0～20° 不同天线的可调范围不同	
俯仰角（掩角、下倾角、Tilt）	机械下倾角＋电下倾角 范围：0～27	
方向角（方位角、Azimuth）	取值范围：［0，360）	
天线厂家	国人、京信、华为	
天线端口数（Port）	4、6 或 8	
天线模式（XTXR）	2T2R、4T4R、8T8R	
天线模式	单 1.8G F 或双 T＋F	
水平半功率角	65°	
垂直半功率角	7°	
天线增益（Antenna Gain）	18 dBi	3 dBi
天线支持频段	1710～2170 MHz；1710～2690 MHz；1710～2160 MHz	
共天线情况/天线是否共用/天线合路情况	独立使用/同 3G 共用/同 TDD 共用/同 1800 共用 （1800 系统：联通 2G、3G）	
设备类型	中兴 FDD：BBU8200 如：宝坻宝地经典 F　　中兴 FDD：BBU8200＋RRU8862	
行政区域类型	城市/市区/县城/乡镇/学校/交通干线/行政村	
是否拉远小区	是/否	是
小区运行状态	正常/闭塞	
所属 MME	8	
地理归属	塘沽/东丽/汉沽/宁河/北辰/宝坻/蓟县	
维护归属	塘沽/东丽/汉沽/宁河/北辰/宝坻/蓟县 注：地理归属和维护归属二者不一定完全一致	
基站配套产权归属	联通、电信、移动、第三方	
站址共享情况	与移动共站/与电信共站/与移动 & 电信共站/独享	
与 G/W 共站情况	与 WCDMA 共站；与 WCDMA 和 GSM 共站	

续表二

参数名称	说　　明	
	室外宏站	室分站
IPRAN 传输厂家	中兴/华为	
时钟提取方式	GPS	
是否一体化基站	否	
基站配置	S111	
拉远 RRU 的 ODF 位置	如：商业街联通机房(41－46)——商业街机房(R01－01－ODM5 64－65，69－72)——投资服务中心 144D(64－65，69－72)——投资服务中心(145－150)——维护维修中	
拉远站近端接入局	例如：东丽开发区局	
RRU 对应光纤顺序	• RRU1：1/2 芯 • RRU2：3/4 芯 • RRU3：5/6 芯	
基站类型/站点类型	前期为宏站，后期为分布式基站； RRU 拉远/BBU＋RRU	分布式

任务 4.3　单站优化测试

4.3.1　单站优化测试内容

在 LTE 网络优化中，单站优化是很重要的一个阶段，需要完成包括各个站点设备功能的自检测试，其目的是在分簇优化前，获取单站的实际基础资料，保证待优化区域中的各个站点各个小区的基本功能(如接入、下载、CSFB 等)和基站信号覆盖均正常。通过单站优化，可以排除设备功能性问题和工程质量问题，有利于后期问题定位和问题解决，提高网络优化效率。通过单站优化，还可以熟悉优化区域内的站点位置、配置、周围无线环境等信息，为下一步的优化打下基础。

LTE 单站优化工作整体上可分为单站核查和单站测试两部分。单站核查是指在单站优化前需先进行站点核查工作，为单站优化测试做好准备，主要包括三部分内容：基站状态检查；基础数据和参数核查；天线电调性能检查(仅宏站)。单站测试是指在测试准备完成后，将通过 CQT 和 DT 来测试验证单站的性能。具体测试验证的内容包括：覆盖性能；移动性能；业务性能。具体详述如下：

1. 单站核查

1) 基站状态检查

通过设备后台网管进行如下检查：

（1）检查待验证站点是否有告警，如果有告警请产品确认，无影响后可进行单站验证测试；

（2）检查待验证站点小区是否激活，小区状态是否正常；

将站点基本信息填写到测试结果表格中，站点状态正常后，再进行现场测试。

2）基础数据和参数核查

（1）网管核查配置数据。在站点测试前，网优工程师需要采集现网网管配置的数据，并检查各项参数与规划数据是否一致。对于和规划输出不一致的参数进行修改，确保小区实际参数与规划参数一致。具体需要核实的参数包括：站名、eNodeB ID、CELL ID、PCI、TAC、频点、带宽、参考信号功率、PRACH、传输模式、双工模式、天线模式、频带、MME。

（2）网优工程师现场检查基础数据与规划数据是否一致，并记录到单站验证报告中，主要包括：

- 站址经纬度是否和实测一致；
- 通过 CQT 测试，各小区测试得到的 PCI 参数是否和工参表一致；
- 天线方位角、天线挂高等是否与规划数据相符，天线方位角需采用指北针进行核实。

3）天线电调性能检查（仅宏站）

由于 LTE 系统对于干扰敏感，要求在建设阶段完成 LTE 天线远程电调系统的连接和调试，保证入网基站能够方便调整设置倾角，同时方便读取天线相关基本信息便于后续维护和优化。

（1）读取信息检查。天线附带的远程控制器（RCU）应在发货时填写准确相关的基础信息，具体字段要求如表 4-4 所示。

表 4-4　RCU 字段信息

分类	字段名	含义	读出要求
天线信息	Antenna model number	天线类型	必须正确读出
	Antenna serial number	天线序列号	该字段保留，值暂不要求
	Antenna operating band(s)	频段	该字段保留，值暂不要求（可参考天线型号对应值）
	Beam width for each operating band in band order（deg）	波瓣宽度	该字段保留，值暂不要求（可参考天线型号对应值）
	Gain for each operating band in band order（dBi×10）	增益	该字段保留，值暂不要求（可参考天线型号对应值）
	Installation date	出厂日期	必须正确读出
	Base station ID	站号	该字段保留，值暂不要求
	Sector ID	扇区号	该字段保留，值暂不要求
	Antenna bearing	方位角	该字段保留，值暂不要求
	Installed mechanical tilt	机械倾角	该字段保留，值暂不要求

续表

分类	字段名	含义	读出要求
RCU 本身 信息	Maximum supported tilt (degrees/10)	最大可调电倾角	必须正确读出
	Minimum supported tilt (degrees/10)	最小可调电倾角	必须正确读出
	Electrical antenna tilt	当前倾角	必须正确读出且可写入调整值
	RCU SN	RCU 序列号	必须正确读出或手动导入

表 4-4 中的天线类型、频段、波瓣宽度、增益、出厂日期、最大可调电倾角、最小可调电倾角、当前倾角为必须读出字段，可从后台设备网管读出，必须读出且与实际相符，如果不能读出或读值不正确则验收不予通过。

多端口天线应能准确区分每个 RCU 且分别读出相关的信息字段。

此外，对于异系统合路天线（如 TD-SCDMA 与 LTE 系统合路），要求开站时将"字段保留"字段写入基站，以区分级联马达（马达即电机，受 RCU 控制实现天线的电调）的归属。

（2）倾角调整验证。后台人员远程初始化电调状态，确认网管和天线连接正常并能读取天线信息后，读取电调下倾角设置值并记录、修改电调天线的下倾角，分别设置为最大下倾角和无下倾角两种情况，同时现场测试接收电平的变化情况，如果电平有明显变化，说明电调正常，并填写"电调功能验收记录表"。比较电调初始设置值和设计值是否一致，一致则恢复初始设置值。如果存在异常，则通知入网验证测试人员记录异常。根据记录的下倾角，将电调天线恢复至原有的下倾角度。

如果存在 RCU 级联情形，默认 RCU1 是 LTE 连接天线，验证 RCU1 的电调信息，如果 RCU1 出现异常，通过 RCU2 来确认电调连接是否正常，并记录电调异常。表 4-5 所示为天津联通 FDD-LTE 网络在天津宝坻区部分站点天线倾角核查情况记录表。表中的"掩角"为电调下倾角和机械下倾角的统一叫法。由表可见，"宝坻渤海胶带 F"站点明显出现异常，读取下倾角失败，说明电调很可能出现故障。

表 4-5　天线倾角核查记录表

网元 ID	网元名称	AISG 设备 ID	操作结果	失败原因	掩角/度
57347	宝坻宝鑫景苑 F	11	成功		6.0
57347	宝坻宝鑫景苑 F	12	成功		6.0
57347	宝坻宝鑫景苑 F	13	成功		6.0
57352	宝坻北台宿舍 F	11	成功		6.0
57352	宝坻北台宿舍 F	12	成功		6.0
57352	宝坻北台宿舍 F	13	成功		6.0
57353	宝坻渤海胶带 F	11	失败	响应超时	—
57353	宝坻渤海胶带 F	12	失败	响应超时	—

续表

网元 ID	网元名称	AISG 设备 ID	操作结果	失败原因	掩角/度
57353	宝坻渤海胶带 F	13	失败	响应超时	——
57356	宝坻长征服装厂 F	11	成功		6.0
57356	宝坻长征服装厂 F	12	成功		6.0
57356	宝坻长征服装厂 F	13	成功		6.0
57357	宝坻大刘坡纺织城 F	11	成功		1.0

表 4-6 所示为天津联通 FDD-LTE 网络在天津某些区域的基站天馈调整记录表。由表可见，基站天馈调整主要针对方位角和下倾角(包括机械下倾角和电子下倾角)两个参数进行。

表 4-6　基站天馈调整记录表

ECI	小区名	原方位角	现方位角	原机械下倾角	现机械下倾角	原电子下倾角	现电子下倾角	调整日期	调整人
5801811	汉沽六中 F11	60	60	4	4	3	2	2014-7-4	XX
5801812	汉沽六中 F12	210	230	4	3	3	2	2014-7-4	XX
5801813	汉沽六中 F13	300	315	4	3	3	4	2014-7-4	XX
5804111	汉沽益润源化工贸易 F11	0	30	4	3	4	0	2014-7-4	XX
5804112	汉沽益润源化工贸易 F12	120	170	4	3	4	5	2014-7-4	XX
5804113	汉沽益润源化工贸易 F13	240	330	4	3	4	5	2014-7-4	XX
5778311	东丽空港汽车园 F11	40	60	4	2	8	8	2014-7-3	XX
5799911	汉沽滨河小区 F11	30	30	4	2	3	3	2014-7-3	XX
5800812	汉沽东风粮库 F12	160	140	4	2	3	3	2014-7-4	XX
5801011	汉沽二中心局 F11	60	40	6	3	3	3	2014-7-3	XX
5803011	汉沽水务局 F11	60	110	2	2	6	6	2014-7-4	XX
5802812	汉沽商学院 F12	180	180	0	4	3	3	2014-7-4	XX

2. 单站测试

LTE 基站单站测试需要通过 CQT 测试和 DT 测试完成，其中 CQT 测试主要进行小区级业务性能验证，DT 测试主要进行基站和小区级覆盖和切换性能验证。

单站验证时发现的问题，需要及时进行处理，并在处理完之后重新验证，确保问题已解决。在实际项目中最常遇到的问题有：传输问题、天馈接反、服务器问题等。天馈接反是测试中经常遇到的问题。对于这种情况，应及时通报进行整改，并推动制定措施，规避后续其他站点出现类似问题。

对于 LTE 在原有系统上整改新建的情况，单站测试时需对 2G、3G 系统进行测试，确保原 2G、3G 系统不受影响。

单站验证测试后应在期限内提交单站验证报告、测试的 Log 文件，作为簇优化准备的必要条件。

4.3.2 室外宏站优化测试

室外单站的优化
（13min）.mp4

1. 室外宏站单站优化测试指标要求

室外宏站单站优化测试必须严格遵循相应的指标要求进行，LTE 室外宏站的测试指标要求如表 4-7 所示。

表 4-7　LTE 室外宏站测试指标要求

指 标 项	测试方式	指 标 要 求
RSRP	CQT	距离基站 50～100 米，近点 RSRP 值
SINR	CQT	距离基站 50～100 米，近点 SINR 值
Ping 时延（32B）	CQT	从发出 Ping Request 到收到 Ping Reply 之间的时延平均值
FTP 下载	CQT	空载，覆盖好点（SINR>20 dB），峰值速率
FTP 上传	CQT	空载，覆盖好点（SINR>20 dB），峰值速率
CSFB 建立成功率	CQT	覆盖好点（SINR>20dB）
CSFB 建立时延	CQT	UE 在 LTE 侧发起 Extend Service Request 消息开始，到 UE 在 WCDMA 侧收到 ALERTING 消息
PCI	CQT	是否与设计值一致
切换情况	DT	同站小区间切换，能正常切换
小区覆盖测试	DT	沿小区天线主覆盖方向进行拉远测试

2. 室外宏站单站优化测试方法

下面分别从单用户吞吐率测试、单用户 Ping 包时延测试、CSFB 测试、切换测试和小区覆盖测试五个方面讨论室外宏站单站优化测试方法。

1）单用户吞吐率测试

单用户吞吐率测试是为了考察单个用户在多点的吞吐率值。这个测试的预置条件是：

·（仅 TDD）帧结构：上行/下行配置 2（子帧配置：DSUDDDSUDD）、常规长度 CP、特殊子帧配置 7（DwPTS：GP：UpPTS＝10：2：2），DwPTS 传输数据；

· 天线配置：上行 SIMO 模式；下行自适应 MIMO 模式；

· 测试区域：选择一个主测小区，在该小区内进行测试；

· 在室外选择好点（SINR>20 dB）进行测试。

单用户吞吐率测试的测试步骤如下：

（1）邻小区开启；

（2）依次在选定的各个测试点进行测试，将测试终端放置在预定的测试点；

（3）测试终端进行满缓存（buffer）下行 TCP 业务，稳定后保持 30s 以上；记录应用层吞吐量；记录 RSRP、CQI、SINR、MCS、MIMO 方式等信息；

（4）测试终端进行满缓存上行 TCP 业务，重复步骤（3）；

（5）记录测试中调度的 RB 数量、PUCCH/PDCCH 开销、UE 类型。

单用户吞吐率测试最终要统计和计算单用户多点吞吐率值，要符合前述 LTE 室外宏站测试的相应指标要求。

2）单用户 Ping 包时延测试

单用户 Ping 包时延测试的目的是考察单用户的 Ping 包时延。这个测试的预置条件是：

- （仅 TDD）帧结构：上行/下行配置 2（子帧配置：DSUDDDSUDD）、常规长度 CP、特殊子帧配置 7（DwPTS：GP：UpPTS＝10：2：2）；
- 天线配置：上行 SIMO 模式；下行自适应 MIMO 模式；
- 调度：动态调度；
- 测试区域：选择一个主测小区，在该小区内进行测试；
- 在室外选择好点（RSRP＞－90 dBm 且 SINR＞20 dB）进行测试。

单用户 Ping 包时延测试的测试步骤如下：

（1）邻小区开启；

（2）测试终端处于主测小区内覆盖"好"点；

（3）测试终端接入系统，发起 32 字节的包，连续 Ping 100 次。

单用户 Ping 包时延测试最终要输出单用户在好点的 Ping 包时延、成功率，要符合前述 LTE 室外宏站测试的相应指标要求。

3）CSFB 测试

CSFB 测试包括 CSFB 功能与性能两方面的测试，其目的是通过该项测试，检查 LTE 语音业务回落到 2G 或 3G 网络的电路交换域（CS）的建立成功率和时延。这个测试的预置条件是：

- （仅 TDD）帧结构：上行/下行配置 2（子帧配置：DSUDDDSUDD）、常规长度 CP、特殊子帧配置 7（DwPTS：GP：UpPTS＝10：2：2）；
- 天线配置：上行 SIMO 模式；下行自适应 MIMO 模式；
- 调度：动态调度；
- 测试区域：选择一个主测小区，在该小区内进行测试；
- 在室外选择好点（RSRP＞－90 dBm 且 SINR＞20 dB）进行测试。

CSFB 测试的测试步骤如下：

（1）手机网络模式修改为自动，且均驻留在 LTE 网络；

（2）手机建立语音连接；

（3）语音业务两部手机一部主叫，一部被叫，进行短呼测试，呼叫保持时长 15 s，呼叫失败间隔 20 s；

（4）呼叫完成 20 s 后，终止手机语音业务；

（5）重复上述拨测 20 次，时间间隔 20 s；

（6）记录 CSFB 呼叫成功率和 CSFB 呼叫建立时延。

CSFB 测试最终要输出用户在好点的 CSFB 呼叫成功率和 CSFB 呼叫建立时延的平均值，并且要符合相应的指标要求。

注释：

· 建立时延：为主被叫均为 LTE 终端，UE 在 LTE 侧发起 Extend Service Request 消息开始，到 UE 在 WCDMA 侧收到 ALERTING 消息；

· 成功率＝呼叫成功次数/呼叫尝试次数×100％。

4）切换测试

单站切换测试的目的是考察同站小区间切换是否正常。这种测试的预置条件包括：

· （仅 TDD）帧结构：上行/下行配置 2（子帧配置：DSUDDDSUDD）、常规长度 CP、特殊子帧配置 7（DwPTS：GP：UpPTS＝10：2：2），DwPTS 传输数据；

· 天线配置：上行 SIMO 模式；下行自适应 MIMO 模式。

单站切换测试包括如下几步：

(1) 系统根据测试要求配置，正常工作。

(2) 在距离基站 50～300 米的范围内，驱车绕基站一周，将该基站的所有小区都要遍历到，如图 4-3 所示。

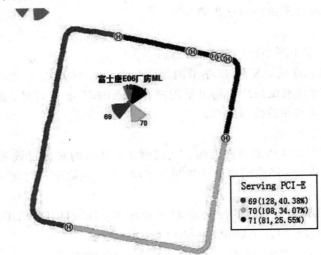

图 4-3　单站切换测试

（3）如果本站任意两个小区间可以正常切换，切换点在两小区的边界处，则验证切换正常，小区覆盖区域合理。如果切换点不在两小区边界处，各小区覆盖区域与设计有明显偏差，则需要检查天线方位角是否正确，将天线方位角调整到规划值，再进行测试。

单站切换测试最终输出结果是小区间切换是否正常，这个结果的判定要符合相应指标要求。

5）小区覆盖测试

小区覆盖测试的目的是考察单站小区覆盖的有效性，验证是否存在覆盖异常。这种测试的预置条件包括：

· （仅 TDD）帧结构：上行/下行配置 2（子帧配置：DSUDDDSUDD）、常规长度 CP、特殊子帧配置 7（DwPTS：GP：UpPTS＝10：2：2），DwPTS 传输数据；

· 天线配置：上行 SIMO 模式；下行自适应 MIMO 模式。

小区覆盖测试包括如下测试步骤：

（1）系统根据测试要求配置，正常工作。

（2）测试车携带测试终端 1 台、GPS 接收设备及相应的路测系统，测试车应视实际道路交通条件以中等速度(30 km/h 左右)匀速行驶；

（3）终端建立连接，进行数据业务下载，沿每个扇区天馈正主瓣方向进行站点拉远测试，拉远距离为 200 米左右(市区)或 300 米左右(郊区)或发生邻区切换为止。

小区覆盖测试最终要输出小区覆盖情况 RSRP 和 SINR，并且要符合相应的指标要求。

3. 室外宏站单站优化测试流程

这里给出室外宏站单站优化测试的一般流程，包括如下八个步骤：

1）测试前准备

在测试的前一天准备好必要的资料(工作参数表，简称工参表等)，通过电子地图确定站点大体位置及了解周边环境，整理好测试设备。

2）到达站点前的工作

在去站点的路上，先要导入工参表、电子地图，连接好设备，进行试探性测试以检查设备是否正常(注：遇到突发事件，应立刻处理解决)。

3）准确定位站点

在快到站点时，打开地图窗口，通过工具栏三叶草图标下拉框中的 find cell 功能查找小区，确定测试站点位置，指引司机到达基站塔下。

4）基站信息核查

准确找到站点，到达塔下后，根据塔工反馈的信息和工参表，完成宏站单站优化表中的天馈参数核查、基本参数核查。

5）DT FTP 上传业务测试

断开设备并重新连接，重新命名 log，连接网卡，打开 FTP 应用软件，连接服务器，选择要上传的文件以及上传到目的地所在文件夹，在文件上右击选择上传，打开数据测速软件，选择其中的秒表，绕基站一圈，开始 DT 数据业务测试。路测过程中，观察切换、覆盖是否正常(不正常时记住所在地点与切换失败小区、覆盖异常小区，待路测完成后分析解决)，并在每个小区下选择一个 RSRP>90 dBm、SINR>20 dB 的好点。

6）DT FTP 下载业务测试

回到原点后截图保存数据，断开并重新连接设备，重新命名 log，按步骤(5)开始 DT 数据业务下载测试，并截图保存数据。

7）CQT 测试

在每个小区内的 RSRP>90 dBm、SINR>20 dB 的好点下，断开并重新连接设备，重新命名 log，依次做上传、下载、Ping 的 CQT 业务。观察上传、下载的峰值、平均值是否满足下载峰值≥85 Mb/s、下载均值≥50 Mb/s、上传峰值≥45 Mb/s、上传均值≥30 Mb/s 的要求(20 MHz 带宽)。未达到要求时，重新选择好点，开始测试；观察 Ping 是否有丢失，平均延时是否满足≤30 ms。未满足要求时，分析原因重新开始测试。单个业务完成后截图并保存 log。

8）填写记录数据信息

根据测试截图、测试 log，填写完成宏站单站优化表中的 CQT 和 DT 业务相关信息，以及站点天馈状态核查信息。

4. 室外宏站单站优化测试案例

以下为山东某工程公司为某地区联通 FDD - LTE 室外单站进行优化测试的实际案例记录。

被测站是一个新建站点，首先在站点周围打点测试一圈 RSRP，发现覆盖、切换问题（有问题时记住所在地点与切换失败小区、覆盖异常小区，待路测完成后分析解决），然后根据之前发现的问题让塔工上塔调整。其中，有段路段信号（RSRP 为红色）不好，由于下倾角已经压到边缘值，不能再变，所以让塔工调整了两个邻近扇区天线的方位角，使两个扇区的覆盖范围都向这个路段靠近一些，再测试一圈 RSRP，那段路段的信号变好。

调站完成后，进行业务验证，三个小区每个小区都要做，要逐个小区的进行。在某个小区先打开 FTP 上传业务，DT 一圈；然后打开 FTP 下载业务，DT 一圈。FTP 上传、下载的速率都没有问题。在此过程中，还要在每个小区下选择一个"好点"（RSRP>90 dBm，SINR>20 dB），以备后用。

接着测试语音业务：首先用 4G 测试手机拨打另一个 4G 测试手机，然后用 4G 手机拨打 3G 手机，最后用 3G 手机拨打 4G 测试手机。三次拨打语音都接通即可，因为主要是测试语音业务的接通率和接通延时时间是否满足要求。

接着到达之前确定的"好点"处，进行 FTP 上传和下载以及 Ping 业务（属于 CQT 测试），观察上传、下载的峰值、平均值是否满足应有的速率要求，以及 Ping 是否有丢失，平均延时是否满足要求。若这些要求有不满足的，就要重新进行分析，查找原因，重新调站，直至满足要求为止。还要向后台上报"好点"与基站的距离（50～100 m）和测得的 RSRP 值。以上业务验证完成后，最后还要进行倾角电调功能验证，即通过与后台网优人员配合，通过对电子下倾角的调整查看 RSRP 值的变化，确定天线电调功能良好。三个小区的业务验证都完成无误后，单站验证才算完成。

说明：为了对塔工的工作有所记录和监督，网优工程师和塔工可以共同填写完成《基站网络优化维修单》，详见本书附录四。

4.3.3 室分站优化测试

室分覆盖是移动通信系统非常重要的组成部分，移动用户超过一半的话务量都发生在室内，室内分布性能的好坏将严重影响到运营商的客户体验及其收益。室分站的优化与室外宏站优化的基本测试方法相同，但在优化原则和测试内容上又有许多不同的地方。

室分站的优化
（8min）.mp4

室内外优化最大的不同是：由于 GPS 信号的穿透能力很差，室内环境测试时无法获取 GPS 信号，因此测试前必须先准备好待测区域的平面图，且测试过程中必须手动打点。图 4 - 4（a）所示为某大型综合性商场某层的室内分布图，图 4 - 4（b）所示为包含了该测试区域内天线接入点信息的分布图，图 4 - 4（c）所示就是实际测试后，针对某项测试指标手动打点的 DT 测试图。

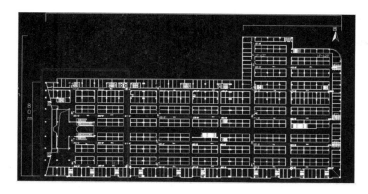

（a）室内分布图

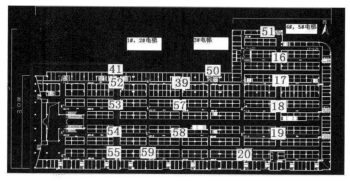

（b）含接入点信息的室内分布图

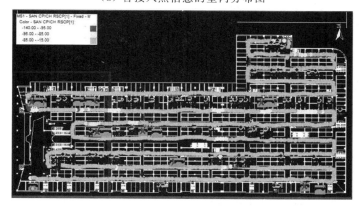

（c）DT 测试图

图 4-4 某大型综合性商场某层的平面图

1. 室分站优化原则

室分站优化原则包括：

· 原则 1：记住两大关键任务是消除弱覆盖（即保证 RSRP 覆盖）和净化切换带、消除交叉覆盖（保证 PDCCH SINR，切换带要尽量清楚，尽量使两个相邻小区间只发生一次切换）；

· 原则 2：优先优化 RSRP，再优化 PDCCH SINR；

· 原则 3：优先优化弱覆盖、越区覆盖，再优化导频污染；

· 原则 4：优先调整天线的下倾角、方位角、天线挂高和迁站及加站，**最后再考虑调**

整 RS 的发射功率和波瓣宽度等。

2. 室分站优化测试指标要求

室分站单站优化测试必须严格遵守相应的指标要求进行，LTE 室分站的测试指标要求如表 4-8 所示。

表 4-8 LTE 室分站点测试指标要求

指 标 项	测试方式	指 标 要 求
Ping 时延(32B)	CQT	从发出 Ping Request 到收到 Ping Reply 之间的时延平均值
FTP 下载速率(双通道)	CQT	空载，覆盖好点(SINR>20 dB)，峰值速率
FTP 下载速率(单通道)	CQT	空载，覆盖好点(SINR>20 dB)，峰值速率
FTP 上传速率	CQT	空载，覆盖好点(SINR>20 dB)，峰值速率
CSFB 建立成功率	CQT	覆盖好点(SINR>20 dB)
CSFB 建立时延	CQT	UE 在 LTE 侧发起 Extend Service Request 消息开始，到 UE 在 WCDMA 侧收到 ALERTING 消息
RSRP 分布	DT	例如：RS-RSRP>-100 dBm 的比例≥95%
SINR 分布(双通道)	DT	例如：RS-SINR>6 dB 的比例≥95%
SINR 分布(单通道)	DT	例如：RS-SINR>5 dB 的比例≥95%
FTP 下载速率(双通道)	DT	平均速率
FTP 下载速率(单通道)	DT	平均速率
FTP 上传速率	DT	平均速率
连接建立成功率	DT	连接建立成功率=成功完成连接建立次数/终端发起分组数据连接建立请求总次数
PS 掉线率	DT	掉线率=掉线次数/成功完成连接建立次数
切换情况	DT	出入口室内外切换，每个出入口往返 3 次以上，能正常切换

3. 室分站优化内容

室分测试应根据建筑物设计平面图和室内分布系统设计平面图设计测试路线，尽可能遍布建筑物各层主要区域，包括楼宇的地下楼层、一层大厅、中层、高层房间、走廊、电梯等区域。现场测试时以步行速度按照设计测试路线进行测试；对于办公室、会议室，应注意对门窗附近的信号进行测量；对于走廊、楼梯，应注意对拐角等区域进行测量。

室分优化内容主要包括覆盖优化、泄露优化、业务优化、切换优化和干扰排查优化等。

· 覆盖优化主要是通过测试 RSRP 和 SINR 来评估室分系统的覆盖情况，针对空洞覆盖、弱覆盖和越区覆盖等问题，通过检查信源功率设置、链路损耗情况、RRU 工作状态等来排查不合理的设计方案，找出施工和设计方案不一致的问题。

· 泄露优化主要是测试建筑物外 10 米左右的 RSRP 和 SINR 来评估室分系统的信号外泄情况，并提出合理整改建议。

- 业务优化针对业务进行参数优化，以保证各项业务的质量及各项指标性能良好。
- 切换优化既包括室内外切换优化，也包括室内环境下的切换优化。室内切换优化主要在室内外出入口、电梯口、库房出入口等处进行。
- 干扰排查优化既包括系统外干扰排查，又包括系统内干扰排查，尤其是室外宏站对室分站的干扰排查。

4. 室分站优化验收指标测试方法

LTE 室分系统入网测试验收考虑从九个方面进行：覆盖质量、FTP 上传/下载速率、PS 连接建立成功率、PS 业务掉线率、CSFB 呼叫建立时延、CSFB 呼叫成功率、室内信号外泄比例、室内外切换情况和分布系统总驻波比指标，各指标测试方法如下：

1）覆盖质量测试

覆盖质量测试的测试步骤为：

（1）周围小区开启；

（2）将室内建筑的平面图导入路测软件中；

（3）连接测试用终端和笔记本电脑，打开测试终端，在搜索到小区后，进行路测；

（4）用路测仪表按测试路线进行移动状态下测试，记录 RSRP、SINR、BLER、CQI 等数据。

2）FTP 上传/下载速率测试

FTP 上传/下载速率测试要根据室内实际环境，选择合适的测试点位。测试点应为人员经常活动区域，测试楼层的选点应保证 RSRP 不小于−105 dBm。

- FTP 下载

FTP 下载一个足够大的数据文件，建议 20 G 容量以上（文件下载完成后选择重新下载）；记录 BLER、CQI、FTP 下载平均速率和峰值速率。

- FTP 上传

FTP 上传一个足够大的数据文件，建议 10 G 容量以上（文件上传完成后选择重新上传）；记录手机发射功率、BLER、FTP 下载平均速率和峰值速率。

3）PS 连接建立成功率测试

连接建立成功率等于成功完成连接建立的次数与终端发起分组数据连接建立请求总次数之比。PS 连接建立成功率的测试方法为：

（1）测试终端已经附着并处于 RRC IDLE 状态，由于有数据要传送，因而进行如下操作：随机接入——RRC 连接建立——DRB 建立，相应的信令流程如图 4−5 所示；

（2）终端侧和基站同时监测信令；

（3）各终端建立连接（建立 RRC 连接与无线承载后下载、上传数据一定时间再停止数据传送，终端重新进入 RRC IDLE 状态），连接时长 10 秒，间隔 5 秒以上，记录连接建立成功/失败；

（4）终端建立起 DRB，而且能传送用户面数据（能 Ping 网络服务器，并能 FTP 下载和上传数据），则判作连接建立成功；

（5）终端重新进入 RRC IDLE 状态，然后重复上述步骤。以正常步行速度遍历整个室内小区覆盖区域，呼叫连接次数在 20 次以上。

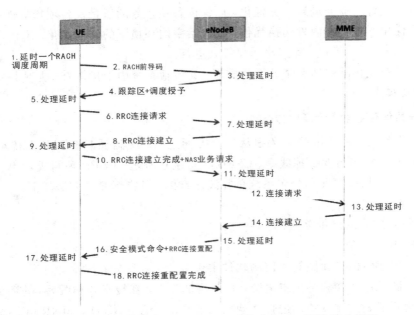

图 4-5　手机的随机接入——RRC 连接建立——DRB 建立过程

4）PS 业务掉线率测试

PS 业务掉线率与 PS 连接建立成功率的测试方法相同。业务掉线率等于业务掉线次数与业务接通次数之比×100%。

5）CSFB 呼叫建立时延测试

CSFB 呼叫建立时延测试包括 LTE 主叫和 LTE 被叫两个方面，采用 CQT 定点测试，进行 20 次语音 15 秒短呼，验证 CSFB 时延和成功率。CSFB 时延是 UE 在 LTE 侧发起 Extend Service Request 消息开始，到 UE 在 WCDMA 侧收到 ALERTING 消息。取多次测量的平均值，建议不少于 20 次。

6）CSFB 呼叫成功率测试

CSFB 呼叫成功率的测试方法与 CSFB 呼叫建立时延测试方法相同。成功率等于呼叫成功次数与呼叫尝试次数之比×100%。

7）室内信号外泄比例测试

室内信号外泄比例测试要保证距离建筑物 10 米左右。沿测试路线遍历建筑物周围，记录数据，根据 PCI 比例分析外泄情况。室内信号外泄比例等于建筑外 10 米处接收到室内信号小于等于−110 dBm 或比室外主小区低 10 dBm 的比例。

8）室内外切换情况测试

室内外切换情况测试是在出入口室内与室外来回走一次，走的过程中执行 FTP 下载业务。一般情况下，每个楼宇应执行三个室内外切换测试任务。当该楼宇只有一个出入口时，在这个出入口做三次任务；对于楼宇多于三个出入口的情况，选择三个出入口各做一次。任务完成标志是：PCI 发生变化，测试任务完成。统计切换完成情况。

9）分布系统总驻波比测试

采用驻波比测试仪，在 RRU 侧输出端口测试。如果有合路器，则从合路器输出口进行测试。该指标也可从后台网管处获取。

5．室分站测试举例

下面以前述商场为例，描述其室分站的测试过程。

首先选定某一层，先分别进行 FTP 上传和下载的 DT 测试，通过测试发现覆盖问题、切换问题和有无干扰源等问题。

然后在每个小区（提示：一般一个天线接入点就覆盖一个小区）选择一个"好点"，分别进行 Ping、FTP 上传和下载、语音 CSFB 业务测试，验证小区的业务性能。

完成每一层及每个小区的测试后，接着可以进行针对电梯间的专项测试。一般在一层进入电梯前开启测试任务，然后进入电梯间的左侧；随着电梯的移动在电梯内从一层坐到最高层，逐层进行测试；到达最高层后在电梯内从左侧走至右侧，再由最高层回到第一层逐层进行测试；到达一层，走出电梯，回到原位，完成电梯专项测试。

接着进行泄漏测试和室内外切换测试。在一楼出入口处开启测试任务后向外走，观察室分信号衰减是否正常，在完成室内外切换（提示：室内外切换理想地点应在距离出入口10 米左右处）后掉头，回到室内原出发地。在此过程中观察信号是否能由室外宏站正常切换回室分站。此项测试一般要求至少进行三次，以保证测试评估的准确性。

任务 4.4　区域优化测试

这里的区域涵盖了分簇区域、分区区域、不同厂家交界区域及全网区域的概念。前述的单站优化测试简称为单验，而这里的区域优化测试简称为拉网测试。

首先介绍无线网络优化中有关区域的三个概念：簇、网格和分区。它们都包含多个基站，但在包含基站数量和划分来源上有所不同。簇一般包含 20～30 个基站，簇的划分是网络优化人员协同运营商共同完成的。网格一般比簇要大，没有包含基站数量上的限制，因为网格是网络规划工程师为了便于网络规划而对无线网络区域进行的划分。分区的概念比网格和簇都大，一般包含多个连续的簇，是网络优化人员为了进行网络优化而划分的。

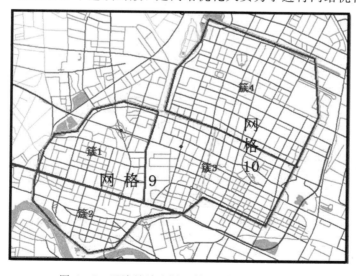

图 4-6　天津塘沽主城区簇、网格、分区举例

为了说明问题，这里举个实例：图 4-6 所示为天津塘沽主城区地图，天津联通对这片区域的划分情况是：网规阶段包含网格 9 和网格 10 两个网格；网优阶段先是将其分为四个簇（簇 1、簇 2、簇 3 和簇 4），然后在做分区优化时合起来归为一个分区。

4.4.1 分簇优化测试

分簇优化是工程验证性优化的主要阶段之一。下面介绍分簇优化的流程以及流程中各步的详细内容。分簇优化流程图如图 4-7 所示。

分簇优化
(10min).mp4

1）簇的划分

分簇优化前首先是簇的划分。簇的划分需要网优人员与运营商共同确认。在进行簇的划分时，需要考虑如下因素：

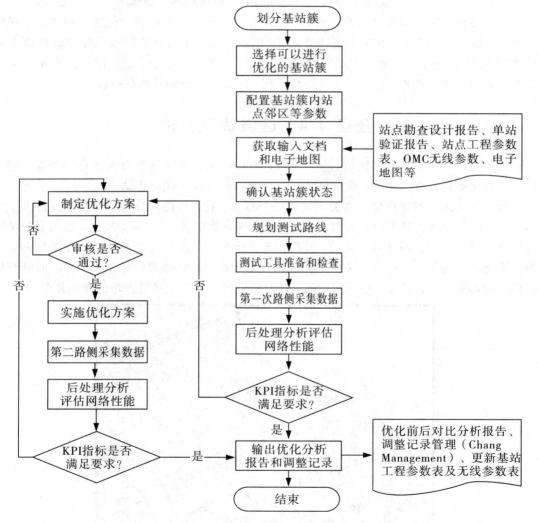

图 4-7 分簇优化流程图

· 按照以往经验，簇的划分应当大小适当。在 LTE 网络中，每簇基站数建议不低于15 个，一般为 20～30 个最佳。

- 同一个簇不应跨越测试（规划）覆盖业务不同的区域。
- 可参考运营商已有的网络工程维护用的簇的划分。
- 行政区域划分原则：当优化网络覆盖区域属于多个行政区域时，按照不同行政区域划分簇是一种容易被客户接受的办法。
- 通常，按蜂窝形状划分的簇比长条状的簇更为常见。
- 地形因素影响：不同的地形地势对信号传播会造成影响。山脉会阻碍信号传播，是簇划分时的天然边界。河流会导致无线信号传播得更远，对簇划分的影响是多方面的：如果河流较窄，需要考虑河流两岸信号的相互影响，如果交通条件许可，应当将河流两岸的站点划在同一簇中；如果河流较宽，更关注河流上下游之间的相互影响，并且这种情况下，通常两岸交通不便，需要根据实际情况以河道为界划分簇。
- 路测工作量因素影响：在划分簇时需要考虑，每一个簇中的路测可以在一天内完成，通常以一次路测大约 4 小时为宜。

图 4 - 8 所示为某项目簇划分的一个实例。图中，JB03 和 JB04 属于密集城区，JB01 属于高速公路覆盖场景，JB02、JB05、JB06 和 JB07 属于一般城区，JB08 属于郊区。每个簇内的基站数目约 18～22 个。

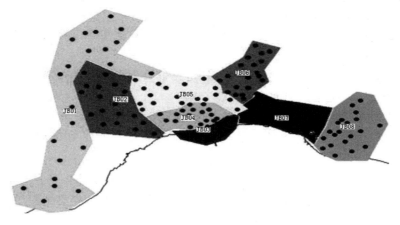

图 4 - 8　簇划分举例

2）选择可以进行优化的簇

分簇优化是在单站验证完成之后，需要按簇对网络性能进行的优化。建议当本簇中 90% 的站点通过单站验证后即可启动簇优化，剩余的 10% 站点在开通后进行单站验证即可。当同时有多个可优化的簇时，可以根据重要性给每个簇定义优先级，优先级高的簇优先安排优化工作。因为在实际网络建设过程中，各个簇的基站开通进展都不一样，所以单站优化和基站簇优化两种活动会在项目的生命周期中同时存在。

3）配置簇内站点邻区等参数

配置簇内站点邻区等参数即要确保将规划的基站邻区关系等参数导入后台网管。接着是获取输入文档，基站簇优化需要参考的重要文档资料包括：站点勘查及设计报告、单站优化报告、站点工程参数表、网络拓扑结构图、网管无线参数配置数据和电子地图等。

4）确认簇的状态

确认基站簇状态的目的是为了保证测试工程师和优化工程师能对基站簇内的每一个站

点的状态都非常了解，比如站点的地理位置、站点是否开通、站点是否正常运行且没有告警、站点的工程参数配置、站点的目标覆盖区域等。这些信息应该以表格和图形的形式给出。

5）规划测试路线

测试工程师在出发前要先规划测试路线，准备和检查测试工具。分簇优化测试线路的规划要考虑如下因素：

- 测试路线应包括主要街道、重要地点和 VIP/VIC（从运营商处获取）。
- 为了保证基本的优化效果，测试路线应尽量包括所有小区，并且至少两次测试（初测和终测）应遍历所有小区。
- 在时间允许的情况下，应尽量测试规划区内所有的街区。
- 考虑到后续整网优化，测试路线应包括相邻簇的边界部分。
- 为了准确地比较性能变化，每次路测时最好采用相同的路测线路。
- 在可能的情况下，在线路上需要进行往返双向测试，这样有利于问题的暴露。
- 测试开始前要与司机充分沟通或实际跑车确认线路。
- 在确认测试路线时，要考虑诸如单行道、左转限制等实际情况的影响，应严格遵守基本交通规则和当地的特殊交通规则。
- 重复测试线路要区分表示。在规划线路中，会不可避免地出现交叉和重复情况，可以用带方向的不同颜色的线条标注。

此外，在选择测试路线时尽量多选择右转道路以及少走重复性路线，以节省车辆油耗等都是业界默认的规划测试路线的原则。

选择某个簇区域（界定好东、西、南、北的边界），参考任务 3.6 中的 MapInfo 的使用方法和本节规划测试路线需考虑的因素，尝试绘制指定区域的行车路线图。结果请参考图 3-143。

6）进行分簇优化测试

分簇优化测试的主要工作步骤包括：性制定簇优化的目标、进行簇测试、数据分析及问题处理、调整和验证。

（1）制定簇优化的目标。簇优化聚焦于网络的覆盖、接入性、保持性（掉线率）、移动性（切换成功率）、吞吐率等指标，因此需提前制定好簇的关注指标及各指标的目标值。

（2）进行簇测试。在各方面工作准备完成后，则按计划进行簇测试。簇测试的主要内容包括覆盖优化、干扰优化、切换优化、掉线率与接通率优化及告警和硬件故障排查几个方面。

① 覆盖优化包括：对覆盖空洞的优化，以保证网络中覆盖信号的连续性；对弱覆盖区域的优化，以保证网络中覆盖信号的覆盖质量；对主导小区的优化，以保证各区域有较为明显的主导小区；越区覆盖问题的优化，以保证小区间的正常切换。

② 干扰优化分为两方面：对网内干扰而言，干扰问题体现为 RSRP 数值很好而 SINR 数值很差；对网外干扰而言，干扰问题体现为扫频测试得出的测试区域底噪数值很高。

③ 切换优化主要通过检查邻区关系是否漏配以及切换相关参数是否合理，来解决相应的切换失败和切换异常事件，从而提高切换成功率。

④ 掉线率与接通率优化通过专项排查，解决业务掉线和业务不能接通方面的问题，进

而降低掉线率、提高接通率。

　　⑤ 告警和硬件故障排查主要通过观察后台网管的告警信息和分析前台测试数据来定位问题原因，排除硬件故障并消除后台告警。

　　在簇测试时应注意的事项：

　　· 路测过程中时，后方人员（设备侧工程师以及网优工程师）务必保证网络设备的稳定工作，禁止有任何网络操作（包括但不限于网络参数修改、闭塞/解闭小区、远端 RET 调整、邻区修改等）。

　　· 路测过程中，可以根据实际情况开启后台的信令跟踪，有助于优化时异常事件的分析。

　　· 路测过程中，测试队伍需要密切关注终端的接入/掉线行为以及吞吐量的趋势，若遇到明显异常行为应及时向后方人员通报，并定位处理。

　　（3）数据分析及问题处理的内容包括：覆盖优化、吞吐率优化、掉线优化、接入失败优化、切换优化、时延优化等。通过分析，给出优化建议。优化建议的手段包括：参数优化、邻区优化、天馈优化（在 LTE 与 2G/3G 共天馈的情况下受限）、工程质量问题处理、产品问题处理等。

　　（4）调整以及验证是在数据分析及问题处理阶段给出优化建议（如天馈调整、邻区调整、PCI 调整、切换门限或者迟滞调整等）并执行调整。调整时需要注意做好记录。调整实施后，应该马上安排路测队伍前往调整区域进行路测以验证调整效果。

　　说明：在完成第一次路测采集数据后，对数据进行处理和分析以评估网络性能。如果网络的 KPI 指标都能满足要求，则无需再进行二次测试。反之，如果有某项或多项 KPI 指标不符合要求，则要重新制定优化方案，并在通过运营商的审核之后实施二次优化。二次优化后要再次采集数据而后进行处理分析，再次评估网络性能。一般经二次优化后 KPI 指标都能获得正常值。如果还存在问题，则要重复上述操作，直至 KPI 验证通过。

　　7）分簇优化结果的输出

　　簇优化报告是网络路测 KPI 和分析成果的展示，在完成一轮簇优化后应及时输出优化报告及优化前后的指标对比。一般分簇优化均会进行多轮，每一轮都需要输出优化报告，并在多轮分簇优化结束后输出优化前后的性能对比报告，以展示多轮优化的效果。同时，要调整管理记录，更新基站工参表和无线参数表。

4.4.2　分区优化测试

　　分区优化是工程验证性优化中在单站优化、分簇优化后的一个优化阶段。当多个连续的簇都基本开通并完成了分簇优化后，就需要对这一连续区域进行区域路测优化，即分区优化。区域的划分应综合各地的实际情况，结合基站地理位置、基站建设进度、测试路线选择以及测试耗时估计等进行划分。

分区优化
（8min）.mp4

　　分区优化建立在分簇优化的基础上，其基本优化测试方法与分簇优化相同，但更注重簇与簇之间边界地区的覆盖、干扰、切换等问题。在全区范围内进行频点和 PCI 的优化，重点针对簇边界进行路测和优化，必要时需要对某些小区的频点和 PCI 进行修改或调整天线配置，从而保证在簇的边界处也具有良好的网络性能。

分区优化前，需要进行分区网络性能评估，通过网络覆盖数据采集、后台网管数据采集等数据来源，制定优化方案及优化计划。

分区优化的工作内容包括区域覆盖测试和区域性能测试。

1. 区域覆盖测试

区域覆盖测试的目的是考察网络覆盖指标，明确整个区域的覆盖情况。该测试的预置条件包括：

- （仅 TDD）帧结构：上行/下行配置 2（子帧配置：DSUDDDSUDD）、常规长度 CP、特殊子帧配置 7（DwPTS：GP：UpPTS＝10：2：2），DwPTS 传输数据；
- 天线配置：上行 SIMO 模式；下行自适应 MIMO 模式；
- 层三数据为 FTP 上传及下载业务。

区域覆盖测试的测试步骤包括：

（1）系统根据测试要求配置，正常工作；

（2）测试车从起点出发，遍历事先选择的行驶路线。移动过程中，记录 RSRP、RSRQ、SINR 等参数；

（3）基于测试数据绘制下行 SINR、RSRP、RSRQ 的路测打点图和 CDF 曲线（小区边缘速率）。

2. 区域性能测试

区域性能测试包括的测试内容如表 4-9 所示。

表 4-9　区域性能测试内容

测试项目	测试内容	测试说明
连接建立成功率与连接建立时延测试	连接建立成功率	连接建立成功率＝成功完成连接建立次数/终端发起分组数据连接建立请求总次数
	连接建立时延	连接建立时延＝终端发出 RRC Connection Reconfiguration Complete 的时间至终端发出第一条 RACH preamble 的时间
掉线率测试	掉线率	掉线率＝掉线次数/成功完成连接建立次数
切换成功率测试	切换成功率	切换成功率＝切换成功次数/切换尝试次数
切换时延测试	切换时延	指切换控制面时延：控制面切换时延从 RRC Connection Reconfiguration 到 UE 向目标小区发送 RRC Connection Reconfiguration Complete
用户平均吞吐量测试	吞吐量	测试整网用户平均吞吐量

下面，分别对如上测试内容进行说明：

1）连接建立成功率与连接建立时延测试

连接建立成功率与连接建立时延测试的目的是考察用户连接建立成功率和连接建立时延。该测试的预置条件是：

- （仅 TDD）帧结构：上行/下行配置 2（子帧配置：DSUDDDSUDD）、常规长度 CP、特殊子帧配置 7（DwPTS：GP：UpPTS＝10：2：2）；

- 天线配置：上行 SIMO 模式；下行自适应 MIMO 模式；
- 测试区域：覆盖区域内全部小区。

连接建立成功率与连接建立时延测试步骤包括：

（1）测试车携带测试终端三台、GPS 接收设备及相应的路测系统；测试车应视实际道路交通条件以中等速度（30 km/h 左右）匀速行驶；

（2）三部已经附着并处于 RRC IDLE 状态的终端，由于有数据要传送，而进行如下操作：随机接入——RRC 连接建立——DRB 建立；

（3）终端侧和基站同时监测信令；

（4）各终端建立连接（建立 RRC 连接与无线承载后，下载、上传数据一定时间，再停止数据传送，终端重新进入 RRC IDLE 状态），连接时长 90 秒，间隔 20 秒，记录连接建立成功/失败；

（5）终端建立起 DRB，而且能传送用户面数据（能 Ping 网络服务器，并能 FTP 下载和上传数据），则判作连接建立成功；

（6）终端重新进入 RRC IDLE 状态，然后重复进行步骤（2）～步骤（5）。测试车至少跑完测试路线一圈，并且每部终端至少进行 100 次连接建立尝试。

对以上测试及数据作如下说明：

- 连接建立成功率＝成功完成连接建立次数/终端发起分组数据连接建立请求总次数。
- 连接建立时延＝终端发出 RRC Connection Reconfiguration Complete 的时间至终端发出第一条 RACH preamble 的时间。
- 终端发起分组数据连接建立请求：RRC IDLE 状态的终端由于有数据需传送（比如发起 Ping）而发起 Service Request 过程。
- 成功完成连接建立：RRC IDLE 状态的终端通过"随机接入——RRC 连接建立——DRB 建立"空口过程完成与无线网的连接（即完成图 4-5 中的 1～18 步）并开始上、下行数据传送，视作成功完成连接建立。
- 分组数据连接建立失败：图 4-5 中的 1～18 步骤中任何一步失败，（其中 preamble 发送次数设定为 3 次，即 MAC 层参数 preambleTransMax＝3，通过 SIB2 中 RACH-ConfigCommon 设置），或者发起连接建立后 25 秒内 FTP 无速率均视作失败。

连接建立成功率与连接建立时延测试的输出结果包括：终端发起分组数据连接建立请求总次数、成功完成连接建立次数、连接建立时延。

2）掉线率测试

掉线率测试的目的是为了考察掉线率指标。该测试的预置条件是：

- （仅 TDD）帧结构：上行/下行配置 2（子帧配置：DSUDDDSUDD）、常规长度 CP、特殊子帧配置 7（DwPTS：GP：UpPTS＝10：2：2）；
- 天线配置：上行 SIMO 模式；下行自适应 MIMO 模式；
- 测试区域：覆盖区域内全部小区。

掉线率测试包括如下步骤：

（1）测试车携带测试终端三台、GPS 接收设备及相应的路测系统；测试车应视实际道路交通条件以中等速度(30 km/h 左右)匀速行驶。

(2) 三部已经附着 LTE/SAE 并处于 RRC IDLE 状态的终端,由于有数据要传送,而进行如下操作:随机接入——RRC 连接建立——DRB 建立。

(3) 终端侧和基站同时监测信令。

(4) 各终端建立连接(建立 RRC 连接与无线承载后,开启 FTP 下载、上传数据),持续 90 s 后重新连接(即释放承载后间隔 20 s 重新发起连接)。

(5) 记录是否有掉线;如掉线,间隔 20 s 重复发起建立连接,若连续 3 次连接建立失败,此时记录终端状态并重启终端,进行后续测试。

(6) 测试车至少跑完测试路线一圈,并且每部终端至少进行 100 次连接。

对以上掉线率测试及数据作如下说明:

- 统计终端发起分组数据连接建立请求总次数=成功完成连接建立次数+掉线次数。
- 掉线率=掉线次数/成功完成连接建立次数。
- 掉线:空口 RRC 连接释放和/或 10 s 以上应用层速率为 0 均视作掉线。
- 成功完成连接建立:RRC IDLE 状态的终端通过"随机接入——RRC 连接建立——DRB 建立"空口过程完成与无线网的连接并开始上、下行数据传送,视作成功完成连接建立。

掉线率测试的输出结果包括:终端发起分组数据连接建立请求总次数、成功完成连接建立次数、掉线次数。

3) 切换成功率测试

切换成功率测试的目的是考察切换成功率指标。该测试的预置条件是:

- (仅 TDD)帧结构:上行/下行配置 2(子帧配置:DSUDDDSUDD)、常规长度 CP、特殊子帧配置 7(DwPTS:GP:UpPTS=10:2:2);
- 天线配置:上行 SIMO 模式;下行自适应 MIMO 模式;
- 测试区域:覆盖区域内全部小区;
- 至少三部终端同时切换。

切换成功率测试需要进行如下步骤:

(1) 测试车携带测试终端(不少于三部)、GPS 接收设备及相应的路测系统。

(2) 测试车各终端建立连接,进行上下行 TCP 业务(如 FTP 上传/下载一个大文件)。

(3) 测试车应视实际道路交通条件以中等速度(30 km/h 左右)匀速行驶,路测终端长时间保持业务。

(4) 观察信令流程或服务小区 ID,确定是否发生切换,以及是否切换成功。每部终端切换次数至少为 50 次,并应至少遍历测试路线一次。

对以上切换成功率测试及数据作如下说明:

- 切换成功率=切换成功次数/切换尝试次数。
- 切换尝试:指在预期的切换区(如从小区 A 覆盖区向小区 B 覆盖区移动)预期发生的切换。
- 切换成功:以信令交互完成(RRC 层 UE 向源小区发送测量报告信令后,UE 收到切换指令 RRC Connection Reconfiguration,随后 UE 向目标小区发送 RRC Connection Reconfiguration Complete)。

·切换失败次数＝切换尝试次数－切换成功次数(注意：切换信令交互完成后立即掉线只视作掉线，不视作切换失败)。

切换成功率测试的输出结果包括：终端发起切换尝试次数、切换成功次数、切换失败次数。

4) 切换时延测试

切换时延测试的目的是考察网络切换时延。该测试的预置条件是：

·(仅 TDD)帧结构：上行/下行配置 2(子帧配置：DSUDDDSUDD)、常规长度 CP、特殊子帧配置 7(DwPTS：GP：UpPTS＝10：2：2)；

·天线配置：上行 SIMO 模式；下行自适应 MIMO 模式；

·测试区域：覆盖区域内全部小区；

·两部手机终端同时切换。

切换时延测试需要执行如下步骤：

(1) 测试车携带测试终端两部、GPS 接收设备及相应的路测系统。

(2) 测试车各终端建立连接，进行上下行 TCP 业务(如 FTP 上传/下载一个大文件)。

(3) 测试车应视实际道路交通条件以中等速度(30 km/h 左右)匀速行驶，终端长时间保持业务；中间如有掉线，则及时停车重新建立连接，重新开始测试。

(4) 观察终端侧信令流程或服务小区 ID，确定是否发生切换。切换包括基站间切换与基站内切换，每部终端切换次数不少于 10 次。

对以上切换时延测试说明如下：

·切换控制面时延：控制面切换时延从 RRC Connection Reconfiguration 到 UE 向目标小区发送 RRC Connection Reconfiguration Complete。

·切换用户面时延：下行从 UE 接收到原服务小区最后一个数据包到 UE 接收到目标小区第一个数据包的时间；上行从原小区接收到最后一个数据包到从目标小区接收到的第一个数据包的时间。最后一个数据包指层三最后一个序号的数据包。

切换时延测试的输出结果需要统计计算控制面切换时延和用户面切换时延。

5) 用户平均吞吐量测试

用户平均吞吐量测试的目的是考察整个区域甚至整网的用户平均吞吐量。该测试的预置条件包括：

·(仅 TDD)帧结构：上行/下行配置 2(子帧配置：DSUDDDSUDD)、常规长度 CP、特殊子帧配置 7(DwPTS：GP：UpPTS＝10：2：2)；

·天线配置：上行 SIMO 模式；下行自适应 MIMO 模式；

·测试区域：覆盖区域内全部小区。

用户平均吞吐量测试包括如下步骤：

(1) 测试车携带测试终端两台、GPS 接收设备及相应的路测系统，同时采用扫频仪。

(2) 测试车两台终端建立连接，一台终端开启下行 TCP 业务(如 FTP 下载一个大文件)，另一台终端开启上行 TCP 业务(如 FTP 上传一个大文件)。

(3) 测试车应视实际道路交通条件以中等速度(30 km/h 左右)匀速行驶，路测终端长时间保持业务。

(4) 每分钟整分整秒时用测速软件记录一次平均吞吐量(并截图保存)，以及终端掉线情况；终端掉线时，即刻统计该时段的平均吞吐量，注明该时段的时间；掉线时停车重新建立连接后继续测试。

用户平均吞吐量测试的输出结果为：UE 的层一、层二和层三吞吐量和平均吞吐量。

分区优化后，需对网络质量进行评估，输出分区网络质量评估报告、分区优化报告，具体包括如下内容：

(1) 分区优化完成后的数据采集；

(2) 优化前后测试数据对比；

(3) 分区优化完成后的质量评估报告；

(4) 分区优化报告。

分区优化的流程与分簇优化相似，只是在规划路线时一定要将各簇分界处都双向遍历到并作为测试和优化的重点区域。而且一般情况下，第一次分区优化后都会发现一些问题，这是因为分簇优化一般是由不同的测试工程师完成的，每个工程师都只关注自己测试的簇中基站的优化情况，因而两个或多个分簇交界处不可避免地会出现切换等问题，所以分区优化一般都需要进行两次，甚至多次。

4.4.3 不同厂家交界区域优化测试

国内的移动通信网络设备生产商有华为、中兴、大唐、爱立信、诺基亚西门子等，同时同一个移动通信网络一般是由两个，甚至多个设备生产商的设备组成的，基站侧设备也一样。所谓有竞争，才有进步。比如，天津联通的 FDD-LTE 网络的基站就包括华为、中兴和大唐三家的设备。

不同厂家交界优化(7min).mp4

网络优化工程是由设备生产商招募网络优化公司共同完成的。不同的设备生产商及其合作的网优公司(一般称为第三方)只负责自己基站设备覆盖区域，因而一个大的网络必然存在不同设备厂家交界的地方。图 4-9 所示给出了一个不同厂家交界的区域示意图，左侧区域归属于中兴公司，右侧区域的基站都是华为的设备，中间这条主干道成为两家公司基站覆盖区域的交界处。

在现网中，不同厂家交界处的网络性能往往更容易出现问题，所以，不同厂家交界优化是无线网络优化过程中必不可少的一个阶段。由于不同厂家的基站一般都处于不同的行政区域，有的区域还离得很远，因此不同厂家交界优化一般是在各个厂家完成自己的单站优化、分簇优化和分区优化之后才由运营商统一组织进行，然后为全网优化打好基础。

LTE 由于没有 RNC，因此厂家间的配合问题相对 3G 简单了很多，但在不同厂家间切换仍不可避免会出现较多不可预料的问题，因此现网中的不同厂家交界优化往往要经过几轮的过程。不同厂家交界优化重点关注厂家交界处的基站之间的切换、吞吐率和时延情况。

不同 LTE 厂家交界优化主要检查异厂家网络边界的相关性能指标，通过测试验证发现可能存在的互操作功能、数据、参数等问题，通过协同 RF 优化、参数调整、数据完善等手段，实现边界区域性能指标的提升。

不同厂家交界优化必须在运营商各本地网分公司的组织协调下进行。双方交界基站基本建设完成前双方需要交互数据，提前做好 PCI、邻区等的规划。

涉及不同厂家交界区域，两个厂家均需要进行 DT 测试，测试区域为以边界基站为中

图 4-9 不同厂家交界区域示例

心，向各自区域延伸 3～5 倍站距(这里的站距指该区域的平均站距)。图 4-9 所示中兴和华为交界区域针对某项测试指标进行的 DT 测试图如图 4-10 所示。

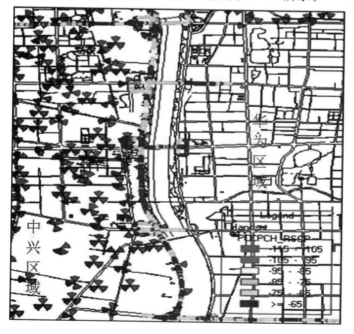

图 4-10 不同厂家交界优化 DT 测试图

不同厂家交界优化测试过程中如果出现异厂家互操作异常等问题，需要由两个无线设备厂家及核心网厂家的工程师组成一个联合网优小组对边界进行覆盖和业务优化，需要各方配合一起来分析定位问题。

不同厂家交界区应重点关注的优化内容包括：

（1）边界的越区覆盖控制，在解决过覆盖小区问题时需要警惕是否会产生覆盖空洞。

（2）边界的邻区优化，添加必要的邻区、删除错误或者冗余的邻区。

（3）边界的 PCI 复用问题，包含 PCI 冲突、混淆以及干扰。

（4）边界的 PRACH 规划和碰撞问题。

（5）边界的切换问题，通过切换参数的调整，优化切换过早、切换过晚和乒乓切换等问题。

（6）进行边界帧配比核查，如帧配比不同，则需要调整为相同，以避免上行帧干扰（仅 TDD）。

4.4.4 全网优化测试

全网优化包括网络评估和网络优化调整两个部分。

1）网络评估

在全网优化前，需要对全网的网络质量进行评估。通过所有片区网络质量评估报告、网络优化报告及网络监控指标，分析全网的网络现状，明确全网优化目标，确定全网优化计划。

全网优化
(8min). mp4

考虑 LTE 网络的需求，应采用尽可能少而又可综合反映网络性能的指标体系，这样可以更快地掌握网络性能。在 LTE 网络建设的初期，由于 LTE 用户较少，以路测评估为主；随着 LTE 用户与业务量的增长，网管指标也应重点关注。

2）网络优化调整

网络优化调整手段请参考本书任务 1.8。

思考与练习

1. 填空题

（1）LTE 系统中，RRC 状态有＿＿＿＿＿＿和＿＿＿＿＿＿。

（2）EPS 附着成功率＝＿＿＿＿＿＿＿＿＿＿＿＿＿＿＿＿。

（3）＿＿＿＿＿＿是 UE 进入小区后要完成的第一步，只有完成该步骤后，才能开始接收其他信道，如广播信道，并进行其他活动。

（4）当 DwPTS 配置的符号数大于等于＿＿＿＿＿时，可以用来传输数据。

2. 选择题

（1）以下说法哪个是正确的（　　　　）。

A. LTE 支持多种时隙配置，但目前只能采用 2：2 和 3：1

B. LTE 适合高速数据业务，不能支持 VoIP 业务

C. LTE 在 2.6 GHz 的路损与 TD - SCDMA 2 GHz 的路损相比要低，因此 LTE 更适合高频段组网

D. TD - LTE 和 TD - SCDMA 共存不一定是共站址

（2）对于子载波的理解正确的是（   ）。

A. 子载波间隔越小，调度精度越高，系统频谱效率越高

B. 子载波间隔越大，调度精度越高，系统频谱效率越高

C. 子载波间隔越小，调度精度越高，系统频谱效率越低

D. 子载波间隔越小，调度精度越低，系统频谱效率越高

（3）LTE 系统中可以触发异频测量报告上报的是（   ）。

A. A1 事件   B. A2 事件   C. A3 事件   D. A4 事件

（4）MIMO 天线可以起（   ）作用。

A. 收发分集   B. 空间复用   C. 赋形抗干扰   D. 用户定位

（5）低优先级小区重选判决准则：当同时满足以下哪个条件时，UE 重选至低优先级的异频小区。（   ）

A. UE 驻留在当前小区超过 1 s

B. 高优先级和同优先级频率层上没有其他合适的小区

C. Sservingcell＜Threshserving,low

D. 低优先级邻区的 Snonservingcell,x＞Threshx,low

E. 在一段时间（Treselection – EUTRA）内，Snonservingcell, x 一直好于该阈值（Threshx,low）

3. 简答题

（1）简述影响 LTE 网络覆盖和容量的主要因素。

（2）某地区进行 LTE 重叠覆盖与 PCI 冲突定点速率测试，测试数据如表 4 – 10 所示。

① 请将以下数值"41.9 17.2 16.5 12.9 7.17 5.18 4.58"分别填入"DL 速率"一栏。

② 请对测试数据进行分析。

表 4 – 10 项目四简答题 2

测 试 项 目	PSRP/dBm	SINR/dB	DL 速率/Mb/s
单扇区，空扰，关闭所有邻区	−79.9	27.9	
3 扇区重叠，空扰，邻区降 0 dB	−79.1	12.2	
3 扇区重叠，100％加扰，邻区降 0 dB	−78.5	−4.07	
4 扇区重叠，空扰，MOD3，邻区降 0 dB	−79	3.62	
4 扇区重叠，100％加扰，MOD3，邻区降 0 dB	−78.5	−4.71	
4 扇区重叠，100％加扰，MOD3，邻区降 6 dB	−80.6	0.15	
4 扇区重叠，100％加扰，MOD3，邻区降 12 dB	−78.9	6.76	

项目五　后台数据分析

项目五　后台
数据分析.pptx

任务 5.1　LTE 网络优化指标及要求

5.1.1　LTE 网络优化指标

　　LTE 网络优化指标主要包括 LTE 网管指标和前台测试指标两种。其中，前台测试指标已在项目四中有所介绍，这里仅介绍 LTE 网管指标。

后台数据分析
(15min).mp4

　　网管指标主要包括关键性能指标(KPI)和测量报告(MR)两种。KPI 主要是 eNB 从多个维度对网络运行状态和运行质量进行统计而得到的性能指标。MR 是通过 UE 上报和 eNB 测量完成的无线信道质量信息的统计。LTE 系统中重要的 KPI 指标和 MR 指标分别如表 5-1 和 5-2 所示。

表 5-1　重要的 KPI 指标

名　称	用　途	计　算　公　式
RRC 连接建立成功率	表征信令面接入性能	$\dfrac{RRC\ 连接建立成功次数}{RRC\ 连接建立请求次数} \times 100\%$
E-RAB 建立成功率	表征用户面业务接入性能	$\dfrac{E\text{-}RAB\ 建立成功次数}{E\text{-}RAB\ 建立请求次数} \times 100\%$
E-RAB 掉线率	表征系统保持性	$\dfrac{(切出失败的\ E\text{-}RAB\ 数+eNB\ 请求释放的\ E\text{-}RAB\ 数-正常的\ eNB\ 请求释放的\ E\text{-}RAB\ 数)}{(遗留\ E\text{-}RAB\ 数+E\text{-}RAB\ 建立成功数+切换入\ E\text{-}RAB\ 数)} \times 100\%$
eNB 间 S1 切换成功率	表征用户的移动性能	$\dfrac{eNB\ 间\ S1\ 切换出成功次数}{eNB\ 间\ S1\ 切换出请求次数} \times 100\%$
eNB 间 X2 切换成功率	表征用户的移动性能	$\dfrac{eNB\ 间\ X2\ 切换出成功次数}{eNB\ 间\ X2\ 切换出请求次数} \times 100\%$
小区用户面上行丢包率	表征上行用户面业务性能	$\dfrac{PDCP\ SDU\ 上行丢掉的总包数}{PDCP\ SDU\ 上行接收的总包数} \times 100\%$

续表

名 称	用 途	计 算 公 式
小区用户面下行丢包率	表征下行用户面业务性能	$\dfrac{\text{PDCP SDU 下行丢掉的总包数}}{\text{PDCP SDU 下行发送的总包数}} \times 100\%$
上行业务信息PRB 占用率	表征上行业务信道资源使用情况	$\dfrac{\text{上行业务信道占用 PRB 平均数}}{\text{小区总 PRB 平均数}} \times 100\%$
下行业务信息PRB 占用率	表征下行业务信道资源使用情况	$\dfrac{\text{下行业务信道占用 PRB 平均数}}{\text{小区总 PRB 平均数}} \times 100\%$
每 PRB 平均吞吐率	表征资源使用情况	无
上行 MCS QPSK编码比例	表征上行无线信道质量	$\dfrac{\text{MCS 等级为 0~9 的上行传输 TB 数}}{\text{上行传输总 TB 数}} \times 100\%$
下行 MCS QPSK编码比例	表征下行无线信道质量	$\dfrac{\text{MCS 等级为 0~9 的下行传输 TB 数}}{\text{下行传输总 TB 数}} \times 100\%$
MAC 层上行误块率	表征数传准确性和稳定性,间接反映上行空口质量	$\dfrac{\text{上行残留错误 TB 数}}{\text{上行传输初始 TB 数}} \times 100\%$
MAC 层下行误块率	表征数传准确性和稳定性,间接反映下行空口质量	$\dfrac{\text{下行残留错误 TB 数}}{\text{下行传输初始 TB 数}} \times 100\%$
初始 HARQ 重传比率	表征数传准确性和稳定性,间接反映空口质量	无
下行双流占比	表征双流使用情况	$\dfrac{\text{下行传输使用双流 TB 数}}{\text{下行传输使用双流 TB 数+下行传输使用单流 TB 数}} \times 100\%$

表 5-2 重要的 MR 指标

RSRP	在考虑测量的频带上,承载小区专有参考信号 RE 的线性平均功率值
RSRQ	$$\text{RSRQ} = N \times \dfrac{\text{RSRP}}{\text{E - UTRA Carrier RSSI}}$$ 其中,N 表示 E - UTRA Carrier RSSI 测量带宽中 RB 的数量,分子和分母应该在相同的 RB 上获得
UE 发射功率余量	UE 相对于配置的最大发射功率的余量 在 Headroom Type 1 中,此余量表示服务小区的 UL-SCH 发射功率与配置的最大发射功率的差值。(注释:Headroom——余量) 在 Headroom Type 2 中,此余量表示每个激活的服务小区 UL-SCH 发射功率或者是 PCell 的 PUSCH 和 PUCCH 发射功率值与配置的最大发射功率的差值
eNB 接收干扰功率	上行接收的干扰功率,定义为一个 PRB 带宽上的干扰功率,包括热噪声

以上 LTE 网络优化的指标中，包含的关键性指标有：覆盖类指标、接入类指标、保持类指标、移动类指标、业务类指标和服务完整性类指标。下面加以说明：

1）覆盖类指标

覆盖类指标反映的是网络的覆盖程度。LTE 网络的覆盖类指标主要有：RSRP、RSRQ 和覆盖率。参考信号接收功率（Reference Signal Receive Power，RSRP）可由测试直接获取。RSRP 是承载小区专有参考信号 RE 的线性平均功率值，是描述接收信号强弱的绝对值，在一定程度上可以反映出移动台距离基站的远近情况。参考信号接收质量（Reference Signal Receive Quality，RSRQ），也可由测试直接获取。RSRQ 是小区参考信号功率相对小区所有信号功率的比值，反映的是系统实际覆盖情况。

覆盖率的定义为：若某一区域接收信号功率超过某一门限，且信号质量超过某一门限，则表示该区域被覆盖。因此，覆盖率反映的是网络的可用性。注意：这里的覆盖率指的是区域覆盖率，不是小区边缘覆盖率。覆盖率通过计算获得，其公式为满足 RSRP≥R 且 RSRQ≥S 的测试点与测试区域内所有测试点的百分比（其中，R 和 S 分别为 RSRP 和 RSRQ 的门限值）。注意：计算之前首先排除测试中的异常点，异常点指的是 RSRP 或 RSRQ 的取值远远超出正常范围之外的点。

影响覆盖类指标的因素有：发射功率、路径损耗、使用频段、接收点与基站的距离、电波传播场景（市区、郊区）和地形（平原、山区、丘陵）、天线增益、天线挂高、天线方向角、天线下倾角等。

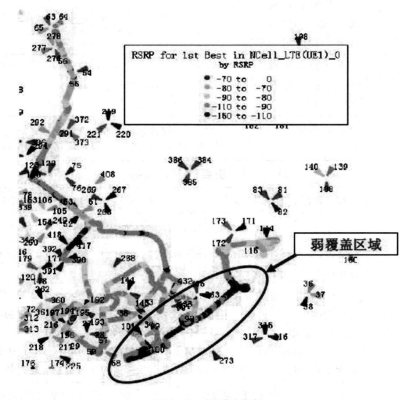

图 5-1 弱覆盖案例

图 5-1 所示为一个弱覆盖的案例。图为 DT 测试 RSRP 分布图，很明显能看出图中椭圆框标识区域为弱覆盖区域。根据弱覆盖区域的具体位置，查看规划覆盖该区域的站点，通过调整 RF 参数来解决弱覆盖问题。

2）接入类指标

接入类指标反映用户成功接入到网络并发起业务的概率。LTE 网络的接入类指标主要包括：RRC 建立成功率和 E-RAB 建立成功率两种。

（1）RRC 建立成功率。RRC 建立是指手机与基站 RRC 层建立连接，分为业务类和信令类两种。它是用户成功接入网络、实现业务的首个关键性步骤。因此，RRC 建立成功率直接影响用户使用网络的业务体验感受。

RRC 建立成功率的计算公式为：

$$RRC\ 建立成功率 = \frac{RRC\ 建立成功的次数}{RRC\ 建立尝试的总次数} \times 100\% \tag{5-1}$$

LTE 网络中可能导致 RRC 建立失败的原因有：空口信号质量过差；定时、功率控制等参数配置不当；强的干扰；网络拥塞；设备故障等。

下面我们来看一个因空口信号差和模三干扰而造成的 RRC 建立失败的案例，如图 5-2 所示。

2011-06-14 17:39:58	UE	eNodeB	UU Message	RRC_CONN_RECFG_CMP
2011-06-14 17:39:58	eNodeB	UE	UU Message	RRC_MASTER_INFO_BLOCK
2011-06-14 17:39:58	eNodeB	UE	UU Message	RRC_SIB_TYPE1
2011-06-14 17:39:58	eNodeB	UE	UU Message	RRC_SIB_TYPE1
2011-06-14 17:39:58	eNodeB	UE	UU Message	RRC_SIB_TYPE1
2011-06-14 17:39:58	eNodeB	UE	UU Message	RRC_SIB_TYPE1
2011-06-14 17:39:58	eNodeB	UE	UU Message	RRC_SYS_INFO
2011-06-14 17:39:59	UE	eNodeB	UU Message	RRC_MEAS_RPRT
2011-06-14 17:39:59	UE	eNodeB	UU Message	RRC_MEAS_RPRT
2011-06-14 17:39:59	UE	eNodeB	UU Message	RRC_MEAS_RPRT
2011-06-14 17:40:00	UE	eNodeB	UU Message	RRC_MEAS_RPRT
2011-06-14 17:40:00	UE	eNodeB	UU Message	RRC_MEAS_RPRT
2011-06-14 17:40:00	UE	eNodeB	UU Message	RRC_MEAS_RPRT
2011-06-14 17:40:00	UE	eNodeB	UU Message	RRC_MEAS_RPRT
2011-06-14 17:40:01	eNodeB	UE	UU Message	RRC_MASTER_INFO_BLOCK

（a）测试手机侧的信令

14/06/2011 17:40:06	RRC_CONN_RECFG
14/06/2011 17:40:06	RRC_MEAS_RPRT
14/06/2011 17:40:13	S1AP_UE_CONTEXT_REL_CMD
14/06/2011 17:40:13	RRC_CONN_REL
14/06/2011 17:40:13	S1AP_UE_CONTEXT_REL_CMP

（b）基站侧信令

图 5-2　RRC 建立失败的案例

手机从"科技园三"基站的 PCI=102 的小区向 PCI=104 的小区切换后，基站侧下发了 RRC 连接重配置命令，手机侧没有收到，一直向上报测量报告，基站侧却不处理。图 5-2（a）、（b）为手机侧和基站侧的相关信令列表。观察相应的前台测试 Log 图，能够发现手机在切换到 104 小区后，104 小区的信道质量很差，导致没能收到 RRC 连接重配置命令，继而不能执行切换，从而导致掉话。

整改措施：测量发现邻区中 182 小区与服务小区 104 有模三干扰，由于此路段为弱覆盖路段，建议调整 182 小区的 PCI。待相邻基站"高新公寓站"开通后解决弱覆盖问题。

(2) E-RAB 建立成功率。E-RAB 是演进的无线接入承载的意思，E-RAB 建立指用户设备与核心网侧 MME/SGW 设备之间建立的连接。E-RAB 在小区内的建立成功率，直接反映了小区为用户提供 E-RAB 承载建立的能力。E-RAB 建立成功率既可以只基于 VoIP 业务计算，也可以基于所有业务计算。

E-RAB 建立成功率的计算公式为：

$$E-RAB\ 建立成功率 = \frac{E-RAB\ 建立成功的次数}{E-RAB\ 建立尝试的次数} \times 100\% \qquad (5-2)$$

LTE 系统中可能导致 E-RAB 建立失败的原因有：无线资源不足；因干扰、弱覆盖等导致的无线层问题；因干扰、弱覆盖等导致的未收到用户设备响应问题；因故障、参数设置不当等导致的传输层问题；因参数设置不当、对用户开卡限制等核心网侧问题。

3）保持类指标

保持类指标表征系统是否可以将服务质量维持在某个水平上。LTE 网络的保持类指标主要是 E-RAB 掉话率。

E-RAB 掉话率也称业务掉话率，它是通过监控某种业务的异常释放比率而计算得到的。常用的业务类型是 VoIP 业务或所有业务。

E-RAB 掉话率的计算公式为：

$$业务掉话率 = \frac{E-RAB\ 异常释放次数}{E-RAB\ 释放总次数} \times 100\% \qquad (5-3)$$

LTE 系统中可能导致 E-RAB 异常释放的原因有：网络拥塞；因干扰、弱覆盖等导致的无线层问题；切换流程失败；因故障、参数设置不当等导致的传输层问题；因参数设置不当等核心网侧问题。

4）移动类指标

移动类指标用来评估无线接入网的移动性能，它直接体现了用户体验的好坏。根据切换类型可分为：同基站同频切换、同基站异频切换和异基站间切换。其中现阶段最重要是同频切换出成功率。

同频切换出成功率用来评估 E-UTRAN 网络的移动性能，它直接体现了用户体验的好坏。

同频切换出成功率的计算公式为：

$$同频切换出成功率 = \frac{同频切换出成功的次数}{同频切换尝试次数} \times 100\% \qquad (5-4)$$

LTE 系统中可能导致切换成功率低的原因有：无线环境（RSRP、SINR 等指标）差；PCI 冲突（如源小区里有多个 PCI 相同的情况）；切换参数设置不当等。影响切换成功率的因素有：硬件传输故障（载频坏、合路天馈问题）；数据配置不合理；拥塞问题；时钟问题；干扰问题；覆盖问题及上下行不平衡等。

因 PCI 冲突而导致切换失败的案例，如图 5-3 所示。图 5-3 是测试手机中的 Log 记录。观察 Log 发现，117 号基站下有两个小区：本地小区 0（PCI=68）和本地小区 1（PCI=67）。小区 0 往小区 1 切换正常，而小区 1 往小区 0 不能实现切换。表现为：上报多次测量报告，却收不到切换命令。

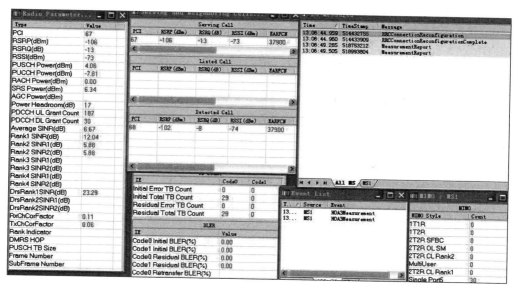

图 5-3　切换失败的案例前台测试 Log

　　表 5-3 是从后台网管处获得的列表。表 5-3(a)是小区 1 的外部邻区列表，表 5-3(b)是小区 1 的同频邻区列表。从这两张列表不难发现，小区 1 的外部邻区中也有 PCI 为 68 的小区，和同站邻小区 0 的 PCI 相同。而且，邻区自动关联功能关闭，因此基站不下发切换命令。

表 5-3　切换失败的案例邻区列表

（a）小区 1 的外部邻区列表。

移动国家码	移动网络码	基站标识	小区标识	下行频点	上午频点配置指示	上午频点	物理小区标识
460	00	108	0	37900	不配置	NULL	78
460	00	129	2	37900	不配置	NULL	65
460	00	134	0	37900	不配置	NULL	68
460	00	134	1	37900	不配置	NULL	67
460	00	134	2	37900	不配置	NULL	66

（b）小区 1 的同频邻区列表。

本地小区标识	移动国家码	移动网络码	基站标识	小区标识	小区偏移量（分贝）	小区偏置（分贝）	禁止切换标识
1	460	00	108	2	0dB	0dB	允许切换
1	460	00	110	2	0dB	0dB	允许切换
1	460	00	112	2	0dB	0dB	允许切换
1	460	00	113	0	0dB	0dB	允许切换
1	460	00	113	2	0dB	0dB	允许切换
1	460	00	114	0	0dB	0dB	允许切换
1	460	00	117		0dB	0dB	允许切换
1	460	00	117	2	0dB	0dB	允许切换
1	460	00	129	1	0dB	0dB	允许切换
1	460	00	134	0	0dB	0dB	允许切换
1	460	00	134	2	0dB	0dB	允许切换

　　问题解决办法：首先核查外部邻区中的 PCI 配置是否错误（有可能该站不存在或基站存在但 PCI 配置有错）；若核查无误则需要调整 PCI，解决 PCI 冲突。

　　5）业务类指标

　　业务类指标用来测量整个 LTE 无线网络的业务量情况，主要包括：无线承载数和上/

下行业务数据量。为了弄明白业务类指标，先来了解一下服务质量等级。

LTE 网络对不同的业务定义了九种不同的服务质量等级，用服务质量等级标识（简称 QCI）表示。表 5-4 中所示为九种 QCI 对应的典型业务及特性。比如 QCI 等于 1，对应保证比特速率类的业务，即 GBR 类业务，优先级为 2，包时延预估为 100 ms，误包率为 10^{-2}，典型业务为会话类语音业务；而 QCI 等于 6 则对应不保证比特速率的业务，即 Non-GBR 类业务，包时延预估为 300 ms，误包率为 10^{-6}，典型业务为基于 TCP 的视频业务。

业务类指标中的无线承载数可以用来评估小区或者簇建立的平均承载数，由十个子指标组成，包括：一个总无线承载数和九个对应九种 QCI 的承载个数。

上/下行业务数据量的相关统计在 PDCP 层执行，也由十个子指标组成，包括：一个总上/下行业务数据量和九个对应九种 QCI 的上/下的业务数据量。

业务类指标的影响因素比较复杂，包括网络架构、组网方式、关键技术、业务类型等。

表 5-4   LTE 网络中的服务质量等级

QCI	类　型	优先级	包时延预估/ms	误包率	业务举例
1	GBR	2	100	10^{-2}	会话类语音
2	GBR	4	150	10^{-3}	会话类视频
3	GBR	3	50	10^{-3}	实时游戏
4	GBR	5	300	10^{-6}	非会话类语音
5	Non-GBR	1	100	10^{-6}	IMS 信令
6	Non-GBR	6	300	10^{-6}	基于 TCP 的视频
7	Non-GBR	7	100	10^{-3}	语音、视频和互动游戏
8	Non-GBR	8	300	10^{-6}	基于 TCP 的视频
9	Non-GBR	9	300	10^{-6}	基于 TCP 的视频

6）服务完整性类指标

服务完整性类指标用来表征无线接入网中终端用户的服务质量情况，分为小区级和簇级两种。服务完整性类指标中最重要的是上/下行业务平均吞吐率，它包括九个子指标，分别对应九个 QCI，能够反映终端用户的使用情况。

上/下行业务平均吞吐率的计算公式为：

$$QCI 为 n 的上/下行业务平均吞吐率 = \frac{QCI 为 n 的业务在 PDCP 层所接收到的上/下行数据的总吞吐量}{QCI 为 n 的业务在 PDCP 层所发送的上/下行数据时长} \times 100\%$$

$$(5-5)$$

上/下行业务平均吞吐率的影响因素有：系统帧配置（TDD-LTE）、空间复用的层数、调制方式、编码效率等。

5.1.2　LTE 网络优化指标要求

网络优化完成以后，应保证各项测试指标达到相关要求。不同运营商可能有不同的指标要求，不同网络制式的指标要求也可能不同。FDD－LTE 和 TD－LTE 系统由于帧结构和系统复杂度等方面的不同，其指标实现的难易程度也不相同，因而在具体指标要求上有所差异。就天津联通目前阶段而言，其 TD－LTE 制式只实施于市区少部分宏站和郊区一部分宏站，室分站均没有采用。中国联通对于 LTE 网络优化的验收指标要求，主要包括单站测试指标要求、区域测试指标要求和网管指标要求，具体如下：

1. 单站测试指标要求

对于单站测试优化，室外宏站和室分站由于环境因素差异较大，因而有着不同的指标要求。

1）宏站指标要求

宏站测试指标要求如表 5－5 所示。

表 5－5　宏站测试指标要求

指标项		基线值		备　注
		FDD	TDD	
CQT	Ping 时延（32Byte）	≤30 ms	≤30 ms	从发出 Ping Request 到收到 Ping Reply 之间的时延平均值
	FTP 下载	≥85 Mb/s	≥75 Mb/s	空载，覆盖好点，MAC 层峰值，cat3 类终端
	FTP 上传	≥45 Mb/s	≥9 Mb/s	空载，覆盖好点，MAC 层峰值，cat3 类终端
	FTP 下载（均值）	≥50 Mb/s	≥45 Mb/s	空载，覆盖好点，MAC 层均值，cat3 类终端
	FTP 上传（均值）	≥30 Mb/s	≥6 Mb/s	空载，覆盖好点，MAC 层均值，cat3 类终端
	CSFB 建立成功率	98％	98％	覆盖好点
	CSFB 建立时延	6.2 s	6.2 s	主被叫均为 LTE 终端，UE 在 LTE 侧发起 Extend Service Request 消息开始，到 UE 在 WCDMA 侧收到 ALERTING 消息
	PCI	正常	正常	与设计值一致
DT	切换情况	正常	正常	同站小区间切换，能正常切换
	小区覆盖测试	正常	正常	在小区主覆盖方向，市区 200 米内，郊区 300 米内：RSRP＞－90dBm，SINR＞5dB

2）室分站指标要求

中国联通室分站都采用 FDD－LTE 制式，其测试指标要求如表 5－6 所示。

表 5-6 室分站指标要求

指标项		基线值			备 注
		A 类站点	B 类站点	C 类站点	
CQT	FTP 下载速率（双通道）	峰值≥90 Mb/s；平均≥50 Mb/s			空载，覆盖好点，MAC 层，cat3 类终端
	FTP 下载速率（单通道）	峰值≥45 Mb/s；平均≥35 Mb/s			空载，覆盖好点，MAC 层，cat3 类终端
	FTP 上传速率	峰值≥45 Mb/s；平均≥30 Mb/s			空载，覆盖好点，MAC 层，cat3 类终端
	CSFB 建立成功率	98%			覆盖好点
	CSFB 建立时延	6.2s			主被叫均为 LTE 终端，UE 在 LTE 侧发起 Extend Service Request 消息开始，到 UE 在 WCDMA 侧收到 ALERTING 消息
DT	Ping 时延（32Byte）	≤30ms			从发出 Ping Request 到收到 Ping Reply 之间的时延平均值
	RSRP 分布	>−100 dBm (95%)	>−105 dBm (95%)	>−110 dBm (95%)	>−100 dBm (95%) 表示 RS−RSRP>−100 dBm 的比例≥95%，其他类推
	SINR 分布（双通道）	>6 dB (95%)	>4 dB (95%)	>2 dB (95%)	>6 dB (95%) 表示 RS−SINR>6 dB 的比例≥95%，其他类推
	SINR 分布（单通道）	>5 dB (95%)	>3 dB (95%)	>1 dB (95%)	>5 dB (95%) 表示 RS−SINR>5 dB 的比例≥95%，其他类推
	连接建立成功率	≥99%	≥98.5%	≥98%	连接建立成功率=成功完成连接建立次数/终端发起分组数据连接建立请求总次数
	PS 掉线率	≤0.5%	≤1%	≤1.5%	PS 掉线率=业务掉线次数/业务接通次数
	切换情况	正常			出入口室内外切换，每个出入口往返 3 次以上，能正常切换
	室内信号外泄比例	≥90%			建筑外 10 米处接收到室内信号≤−110 dBm 或比室外主小区低 10 dB 的比例
	系统驻波比	≤1.5			分布系统总驻波比

2．区域测试指标要求

1）覆盖与吞吐率方面

区域测试在覆盖和吞吐率方面的指标如表 5-7 所示。

（1）表 5-7 中数据均为 20 MHz 系统带宽，50％网络负荷情况下的标准。

（2）RSRP 与 SINR 指标为独立要求，非联合要求。

（3）小区边缘速率指采样点累计分布函数（CDF）低端 5％对应的值。

（4）除高铁场景外，RSRP 和 SINR 指室外测量值。

（5）各不同运营商会根据用户感知、场景的重要程度以及后续网络调整、优化难度，适当提高覆盖指标。

由表可见，中国联通在机场、高速、高铁（车内）环境下也不采用 TD-LTE 体制。

表 5-7　覆盖与吞吐率方面的指标

| 制式 | 区域类型 | 公共参考信号 | | 指标要求≥ | 小区边缘速率≥ | 小区平均吞吐率≥ |
| | | RSRP | SINR | | | |
		dBm	dB		Mbs	Mbs
FDD	密集城区	>-100	>-3	95％	DL/UL:4/1	DL/UL:35/25
	一般城区	>-100	>-3	95％	DL/UL:4/1	DL/UL:35/25
	旅游景区	>-105	>-3	95％	DL/UL:4/1	DL/UL:30/20
	机场、高速、高铁（车内）	>-110	>-3	95％	DL/UL:2/0.512	DL/UL:25/15
TDD	密集城区	>-105	>-3	95％	DL/UL:1/0.128	DL/UL:22/4
	一般城区	>-105	>-3	95％	DL/UL:1/0.128	DL/UL:22/4
	旅游景区	>-110	>-3	95％	DL/UL:1/0.128	DL/UL:22/4

2）其他相关性能指标要求

区域测试其他相关性能指标要求如表 5-8 所示。

表 5-8　区域测试其他相关性能指标要求

| 指标项 | | 基线值 | | 指标定义 |
		FDD	TDD	
DT	连接建立成功率	98％	98％	连接建立成功率＝成功完成连接建立次数/终端发起分组数据连接建立请求总次数
	掉线率	≤0.5％	≤0.5％	掉线率＝掉线次数/成功完成连接建立次数
	切换成功率	≥99％	≥99％	切换成功率＝切换成功次数/切换尝试次数
	切换时延（控制面时延）	≤50ms	≤50ms	切换控制面时延：从 Measurement Report 后的第一个 RRC Connection Reconfiguration 到 UE 向目标小区发送 RRC Connection Reconfiguration Complete 的时延

指标项		基线值		指标定义
		FDD	TDD	
DT	基于 X2 接口切换时延（用户面时延）	≤85ms	≤85ms	下行从 UE 接收到原服务小区最后一个数据包到 UE 接收到目标小区第一个数据包的时间；上行从原小区接收到最后一个数据包到从目标小区接收到的第一个数据包的时间。最后一个数据包指 L3 最后一个序号的数据包
	基于 S1 接口切换时延（用户面时延）	≤85ms	≤85ms	
	重叠覆盖率	≤20%	≤20%	重叠覆盖率 ＝ 重叠覆盖度≥3 的采样点/总采样点×100%。其中：重叠覆盖度指路测中与最强小区 RSRP 的差值大于－6dB 的邻区的数量，同时最强小区 RSRP≥－100dBm

3. 网管指标要求

LTE 网优验收相关的网管指标要求如表 5－9 所示。

表 5－9　网管指标要求

类别	指标	业务类型	说　明	指标要求
接入类	RRC 建立成功率（Service）	所有	RRC 连接建立成功率＝RRC 建立成功次数/eNodeB 收到的 RRC 连接请求次数×100%	≥99%
	E－RAB 建立成功率	所有	E－RAB 建立成功率＝E－RAB 指派成功个数/E－RAB 指派请求个数 ×100%	≥99%
保持类	掉线率	所有	eNodeB 发起异常释放的次数/业务释放的总次数	≤0.5%
移动类	切换成功率（同频）	所有	切换成功次数/切换尝试次数×100%	≥99%
	切换成功率（异频）	所有	切换成功次数/切换尝试次数×100%	≥99%
	LTE 至 WCDMA CSFB 话音成功率	所有	成功率（切出）＝ 成功次数/尝试次数×100%	≥98%
	LTE 至 WCDMA PS 切换	所有	成功率（切出）＝ 成功次数/尝试次数×100%	≥98%

任务 5.2　数据分析方法

　　本任务将对室外宏站单站优化报告和分簇优化报告中的数据的获取方法或计算方法进行说明。

5.2.1　室外宏站单站优化数据分析

为了便于显示和观看，将数据分为天馈参数核查、基本参数核查、站点天馈及状态核查、CQT 测试和 DT 测试五部分，分别如表 5－10(a)、(b)、(c)、(d)和(e)所示。

表 5－10　室外宏站单站优化数据分析

(a) 天馈参数核查

天馈参数核查	天线挂高	天线挂高指的是天线距离地面的垂直距离，可以用激光测距仪测得
	经度	指的是基站天线所处位置的经纬度，因此同一站点不同扇区的经纬度都相同
	纬度	
	天线类型	普通天线或美化天线
	方位角	以正北为 0°，顺时针依次为第 1 扇区、第 2 扇区和第 3 扇区，每个扇区的方位角可以用罗盘测得
	机械倾角	用水平坡度仪测得
	预置电子倾角	从后台网管处获得
	天线合路情况（多系统共天线描述）	从塔工处获得
	天线模式(xTxR)	如 2T2R、4T4R、8T8R，从塔工处获得
	(TD－LTE 系统)天线和 RRU 极化端口顺序一致	2T2R 天线的极化端口：A 和 B； 4T4R 天线的极化端口：A 与 C、B 与 D 同极化方向； 8T8R 天线的极化端口：A 与 E、B 与 F、C 与 G、D 与 H 同极化方向

(b) 基本参数核查

基本参数核查	PCI	由电子地图和工参表导入前台测试软件后确认
	频点	目前阶段，整个 FDD－LTE 网络的频点都相同，与规划值一致，由工参表可得；在同一网络使用多个频点的情况下，频点可用频谱分析仪测得
	带宽(UL/DL)	一般与规划值一致，可由频谱分析仪测得
	双工方式（FDD、TDD）	由测试手机可知
	TDD 子帧配置	TD－LTE 网络需要，由后台网管处或信令分析可得

基本参数核查	RS EPRE	定义为：整个系统带宽内，所有承载下行小区专属参考信号的下行资源粒子分配功率的线性平均，即"导频发射功率"，典型值为15.2。由后台网管处获得
	p-a	系统可以配置RS功率和PDSCH功率，以达到优化性能、降低干扰的目的。 RS功率是小区级参数，由网管配置，一旦确定就不会受其他参数影响而改变。可以看做是PDSCH分配功能的基准功率。 p-a是UE级参数，可以随时改变。p-a＝A类PDSCH功率/RS功率。
	p-b	p-b是小区级参数，一旦配置就不会改变。p-b＝B类PDSCH功率/A类PDSCH功率 对FDD-LTE网络，宏基站建议PA＝-3、PB＝1；室分站建议PA＝0、PB＝0
	ECI： eNodeBID＋CellID	由电子地图和工参表导入前台测试软件后确认
	eNB ID	由电子地图和工参表导入前台测试软件后确认
	归属TAC	由电子地图和工参表导入前台测试软件后确认

（c）站点天馈及状态核查

站点天馈及状态核查	天线与馈线连接关系是否正确，不存在馈线接反、接错等问题	实际查看
	LTE天线与其他系统隔离度是否满足要求	由塔工处获得
	天线类型是否与设计一致	由塔工处获得
	电调天线与RRU的连接线是否连接正确	由塔工处获得
	经纬度是否与规划一致	用手持GPS测得并与工参表中的数据进行对照
	邻区是否已配置	由后台网管处获得
	是否存在上行干扰(上行RSSI＞-95 dBm)	实际测得
	传输类型(FE＋IPRAN)	近端快速以太网＋远程PTN
	传输是否正常	实际查看
	小区是否激活	由后台网管处获得
	GPS天线安装是否符合设计要求	由塔工处获得

（d）CQT 测试

CQT 数据及语音业务	测试点：RSRP＝？	实际测得
	测试点：SINR＝？	实际测得
	CQT FTP 下载吞吐量（峰值）（空载，RSRP＞－90 dBm，SINR＞20 dB，FDD：≥85 Mb/s；TDD：≥75 Mb/s）	在测速软件中查看
	FTP 上传吞吐量（峰值）（空载，RSRP＞－90 dBm，FDD：≥45 Mb/s；TDD：≥9Mb/s）	在测速软件中查看
	Ping 时延测试（32B）（空载，RSRP＞－90 dBm，SINR＞20 dB，时延应小于 30 ms）	实际测得
	CSFB 建立成功率	实际测得，等于 $\dfrac{语音呼叫成功的次数}{语音呼叫总尝试次数}$
	CSFB 呼叫建立时延（空载，RSRP＞－90 dBm，SINR＞20 dB，主叫和被叫时延应均小于 6.2 s）	实际测得，多次取平均值
CQT 覆盖测试	距离基站 50～100 米，近点 RSRP 值	可与好点取同一个 RSRP 值
	距离基站 50～100 米，近点 SINR 值	可与好点取同一个 SINR 值
CQT 数据业务	FTP 下载吞吐量（均值）	在测速软件中查看
	FTP 上传吞吐量（均值）	

（e）DT 测试

DT 切换	切换正常（同站内各小区间切换成功）	实际测得
DT 覆盖	覆盖正常，不存在严重阻挡及天馈接反问题	实际观察和测量得到

5.2.2　区域优化数据分析

区域优化数据如表 5－11 所示，其获得方法分别说明如下：

1. 覆盖类测试数据

（1）打开 Pilot Navigator，导入电子地图、工参表、测试 log，把工参表拖到地图中；

（2）在 Server Cell Info 和 Neighbor Cell Info 文件夹中找到以下项目：Server Cell RSRP、Server Cell SINR、Neighbor Cell Numb 和 Neighbor Cell RSRP。

（3）在以上任意项上点击右键，选择 View In Table，弹出相应表格窗口，点击右键保存表格文件；

表 5-11　区域优化指标数据举例

测试内容	测试指标	测试结果
覆盖类	RSRP>−100 dBm 比例	96.17%
	SINR>−5 dB 比例	98.65%
	SINR>−3 dB 比例	97.84%
	LTE 覆盖率(RSRP>−100 & SINR>−5 Samples)比例	94.18%
	重叠覆盖率	16.1%
保持类	平均下载速率(Mb/s)	10.45%
	切换次数/次	530
	切换成功次数/次	529
	切换成功率	99.8%
	切换时延(控制面时延)	46
接入类	数据连接建立成功率	100%
	数据掉线率	100%
	CSFB 接通率	100%
	CSFB 掉话率	100%
	CSFB 接入平均时延	100%

(4) 打开表格文件,计算所有覆盖类测试指标,其中,重叠覆盖率的计算方法如下:

① 先列出大于等于 3 个邻区的小区;

② 然后取第三个邻区的 RSRP 与服务小区 RSRP 值相减;

③ 利用筛选功能,筛选出大于−6 dB 的值;

④ 统计个数并与总个数相除,再乘以 100%,即得出重叠覆盖率。

注意:筛选后,必须在"数据"菜单中点击"重新应用",方可使统计数据生效。

2. 其他测试数据

点击菜单"Report→Auto Report..",自动生成报告;

在报告中查找"切换时延"、"平均下载/上传速率(L/U) Mbps"测试指标；

点击菜单"Presentation→Signaling→KPI"，查找其他测试指标。

任务 5.3　问题案例分析

LTE 网络仅承载数据业务，在进行问题分析前，先根据实际测试项目对数据分类后再具体分析。单验测试需要注意站点运行状态及现场无线环境；拉网测试则更多地要从网络整体性能方面考虑；数据业务测试首要关注的是下行速率指标。

网络优化问题的定位和分析要从测试指标、周边环境（是否有遮挡、是否与其他系统共站、是否美化天线）、事件、信令、网管参数等多方面进行核查。其中，最难的是在测试日志中选取合适的事件和信令，并将其展开，从中读取必要的信息。LTE 网络中的事件和信令有很多，这里仅介绍最常见的 RRC 连接重配置（RRC Connection Reconfiguration）、测量报告（Measurement Report）和测量配置（Meas Config）。

1. RRC Connection Reconfiguration

RRC Connection Reconfiguration 的目的主要是修改 RRC Connection，比如建立/修改/释放资源块；执行切换；配置/修改/释放测量。NAS 专用信息也可以通过此流程从 E‐UTRAN传递给 UE。

实际工作中判断 RRC Connection Reconfiguration 的目的主要是基于其中信元包含的一些内容来判断：

• 如果 RRC Connection Reconfiguration 中包含移动控制信息（mobilityControlInfo），那主要作用就是 eNodeB 发切换命令给 UE 执行切换。移动控制信息中主要是目标小区的物理小区标识（PCI）和中心载频。如图 5‐4 所示的 RRC 连接重配置移动控制信息中，目标小区 PCI＝124，中心载频频点为 37900。

```
_rrcConnectionReconfiguration :
  _rrc-TransactionIdentifier :  ---- 0x1(1) ---- *****01*
  _criticalExtensions :
    _c1 :
      _rrcConnectionReconfiguration-r8 :
        _mobilityControlInfo :
          _targetPhysCellId :  ---- 0x7c(124) ---- ******001111100*
          _carrierFreq :
            _dl-CarrierFreq :  ---- 0x940c(37900) ---- 1001010000001100
          _t304 :  ---- ms500(4) ---- 100*****
          _newUE-Identity :  ---- '0001101000000101'B(1A 05 ) ---- ***0001101000000101*****
        _radioResourceConfigCommon :
          _prach-Config :
            _rootSequenceIndex :  ---- 0x180(384) ---- ******0110000000
            _prach-ConfigInfo :
              _prach-ConfigIndex :  ---- 0x6(6) ---- 000110**
              _highSpeedFlag :  ---- FALSE(0) ---- ******0*
              _zeroCorrelationZoneConfig :  ---- 0xb(11) ---- *******1011*****
              _prach-FreqOffset :  ---- 0x9(9) ---- ***0001001*****
          _pdsch-ConfigCommon :
```

图 5‐4　RRC 连接重配置中包含移动控制信息

• 如果 RRC Connection Reconfiguration 紧跟在 RRC Connection Re－establishment 之后，其作用通常都是重建 SRB2 和 DRB。

• 如果 RRC Connection Reconfiguration 中包含 measConfig，那其主要作用就是进行测量配置，主要包括测量对象的增加/修改或删除、测量 ID 的增加/修改或删除、测量报告配置的增加/修改或删除、测量 Gap 等参数。

• 如果 RRC Connection Reconfiguration 中包含 radioResourceConfigDedicated，其作用主要是执行无线资源配置，主要包括：SRB 增加和重配置、DRB 增加/重配置和释放、MAC 和 SPS(半静态调度)配置以及物理信道配置等。

2. Measurement Report

测量报告中主要包含的信息如下(如图 5－5 所示)：

• measId：测量标识

• measResultPCell：服务小区测量结果

• measResultNeighCells：邻小区测量结果

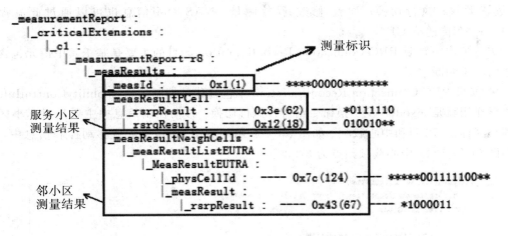

图 5－5　测量报告中包含的主要信息

3. MeasConfig

测量配置中主要包含的信息如下(如图 5－6 所示)：

• measObject：测量对象

• reportConfig：报告配置

• measId：测量标识

• quantityConfig：数量配置

• s－Measure：服务小区测量门限

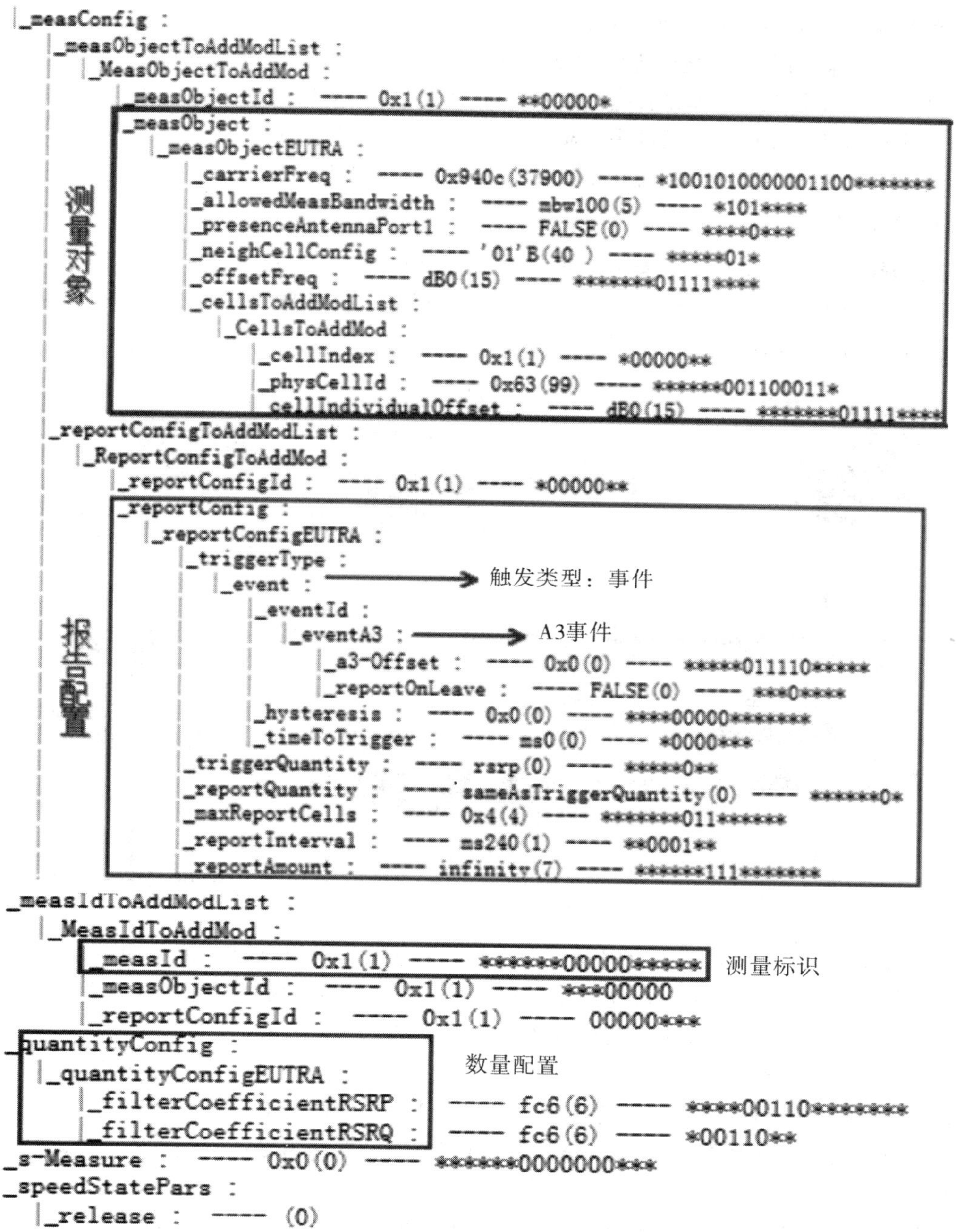

```
|_measConfig :
  |_measObjectToAddModList :
    |_MeasObjectToAddMod :
      |_measObjectId :  ---- 0x1(1) ---- **00000*
      |_measObject :
        |_measObjectEUTRA :
          |_carrierFreq :       ---- 0x940c(37900) ---- *1001010000001100*******
          |_allowedMeasBandwidth :  ---- mbw100(5) ---- *101****
          |_presenceAntennaPort1 :  ---- FALSE(0) ---- ****0****
          |_neighCellConfig :   ---- '01'B(40 ) ---- *****01*
          |_offsetFreq :        ---- dB0(15) ---- *******01111*
          |_cellsToAddModList :
            |_CellsToAddMod :
              |_cellIndex :     ---- 0x1(1) ---- *00000**
              |_physCellId :    ---- 0x63(99) ---- ******001100011*
              |_cellIndividualOffset :  ---- dB0(15) ---- ******01111****
  |_reportConfigToAddModList :
    |_ReportConfigToAddMod :
      |_reportConfigId :  ---- 0x1(1) ---- *00000**
      |_reportConfig :
        |_reportConfigEUTRA :
          |_triggerType :                        → 触发类型：事件
            |_event :
              |_eventId :
                |_eventA3 :                      → A3事件
                  |_a3-Offset :  ---- 0x0(0) ---- *****011110*****
                  |_reportOnLeave :  ---- FALSE(0) ---- ***0****
          |_hysteresis :    ---- 0x0(0) ---- ****00000*******
          |_timeToTrigger : ---- ms0(0) ---- *0000***
          |_triggerQuantity :  ---- rsrp(0) ---- *****0**
          |_reportQuantity :   ---- sameAsTriggerQuantity(0) ---- ******0*
          |_maxReportCells :   ---- 0x4(4) ---- *******011******
          |_reportInterval :   ---- ms240(1) ---- **0001**
          |_reportAmount :     ---- infinity(7) ---- ******111*******
|_measIdToAddModList :
  |_MeasIdToAddMod :
    |_measId :  ---- 0x1(1) ---- ******00000*****      测量标识
    |_measObjectId :  ---- 0x1(1) ---- ***00000
    |_reportConfigId :  ---- 0x1(1) ---- 00000***
|_quantityConfig :
  |_quantityConfigEUTRA :                             数量配置
    |_filterCoefficientRSRP :  ---- fc6(6) ---- ****00110*******
    |_filterCoefficientRSRQ :  ---- fc6(6) ---- *00110**
|_s-Measure :  ---- 0x0(0) ---- ******0000000***
|_speedStatePars :
  |_release :  ---- (0)
```

测量对象

报告配置

图 5 - 6　测量配置中包含的主要信息

　　结合前述分类和方法,本书从覆盖、切换、速率等方面给出多个问题案例,同时给出了处理建议和优化结果。

5.3.1　覆盖问题案例分析

　　覆盖优化是全网优化中的一个最重要的阶段,为了全面提升网络的覆盖水平,达到在最少的投资条件下实现最合理的基站布局、最佳的参数设置、最大的网络容量、最小的干扰水平以及最高的网络质量的无线网络设计目标，应进行完善的无线环境优化，认真考虑系统的用户分布情况，合理设置基站参数，对 TD－LTE 网络的上下行覆盖和质量等多方面进行全面分析。重点关注城区高站越区覆盖、整网干扰优化等。

下面介绍弱覆盖、越区覆盖和重叠覆盖三个方面的覆盖问题。

1. 弱覆盖

问题描述：测试车辆沿长安街由东向西行驶，终端发起业务占用海淀京西大厦 1 小区（PCI ＝132）进行业务，测试车辆继续向东行驶，行驶至柳林路口 RSRP 值降至－90 dBm 以下，出现弱覆盖区域，如图 5－7 所示。

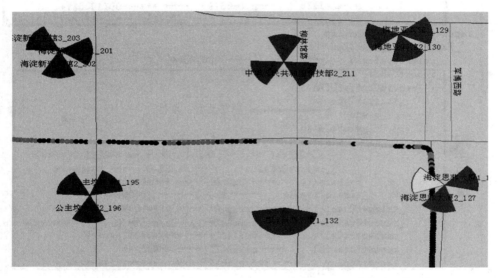

图 5－7　弱覆盖（优化前）

问题分析：观察该路段 RSRP 值分布发现，柳林路口路段 RSRP 值分布较差，均值在－90 dBm 以下，主要由京西大厦 1 小区（PCI ＝132）覆盖。观察京西大厦距离该路段约 200 米，理论上可以对柳林路口进行有效覆盖。

通过实地观察京西大厦站点天馈系统发现，京西大厦 1 小区天线方位角为 120°，主要覆盖长安街柳林路口向南路段。建议调整其天线朝向以对柳林路口路段加强覆盖。

处理建议：京西大厦 1 小区天线方位角由原 120°调整为 20°，机械下倾角由原 6°调整为 5°。

优化结果：调整完成后，柳林路口 RSRP 值有所改善，如图 5－8 所示。

2. 越区覆盖

问题描述：测试车辆沿月坛南街由东向西行驶，发起业务后首先占用西城月新大厦 3 小区（PCI＝ 122），车辆继续向西行驶，终端切换到西城三里河一区 2 小区（PCI ＝115），切换后速率由原 30 M 降低到 5 M，如图 5－9 所示。

问题分析：观察该路段无线环境，速率降低到 5M 时，占用西城三里河一区 2 小区（PCI ＝115），RSRP 为－64 dBm 覆盖良好，SINR 值为 2.7，导致速率下降。观察邻区列

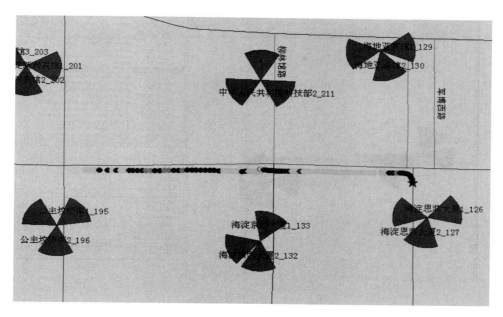

图 5 - 8 弱覆盖(优化后)

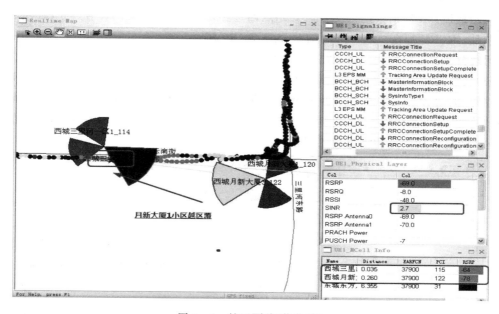

图 5 - 9 越区覆盖(优化前)

表中次服务小区为西城月新大厦 3 小区(PCI =122)RSRP 为 -78 dBm,同样对该路段有良好覆盖。鉴于速率下降地点为西城三里河一区站下,而西城月新大厦 3 小区在其站下具有过强的覆盖效果,形成了越区覆盖,导致 SINR 环境恶劣,速率下降。

处理建议: 为避免西城月新大厦 3 小区越区覆盖,建议将西城月新大厦 3 小区方位角由原 270°调整至 250°,下倾角由原 6°调整为 10°。

优化结果: 西城三里河一区站下仅有该站内小区信号,并且 SINR 提升到 15 dB 以上,无线环境有明显提升,如图 5 - 10 所示。

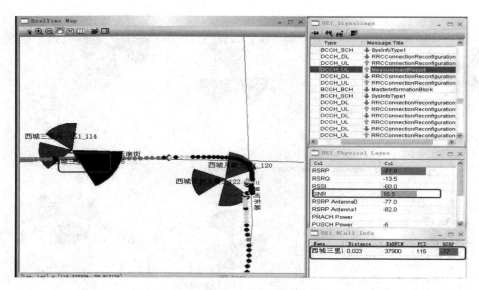

图 5 - 10　越区覆盖(优化后)

3. 重叠覆盖

问题描述: 在塘沽泰达公交公司 F 站点西边路段干扰较大, SINR 在－5 dB 左右, 且信号杂乱, RSRP 都在－90 dBm 左右, 如图 5 - 11 所示。

问题分析: 分析发现该区域信号较为杂乱, 主要有塘沽六合镁 F12(PCI＝264)、塘沽泰达公交公司 F13(PCI＝197)、塘沽天江公寓 F13(PCI＝110)、塘沽天富公寓 F13(PCI＝71)等小区的信号。主服务小区塘沽天江公寓 F13(PCI＝110)和第一邻区塘沽天富公寓 F13(PCI＝71)都存在越区覆盖问题, 且邻区中与主服务小区 RSRP 相差 6 dB 以内的有 3 个小区, 明显存在严重的重叠覆盖问题。

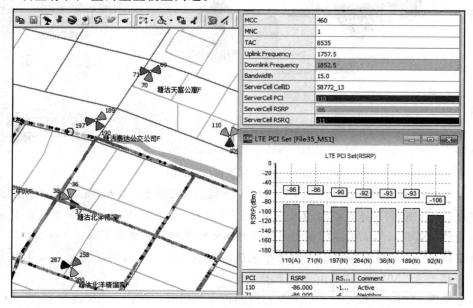

图 5 - 11　重叠覆盖(优化前)

处理建议：通过分析，问题路段由塘沽泰达公交公司 F13（PCI＝197）覆盖比较合理，但因塘沽泰达公交公司 F 站为和 3G 共天线基站，无法调整，因此建议将塘沽天江公寓 F13（PCI＝110）、塘沽天富公寓 F13（PCI＝71）的电子下倾角调大以减小越区覆盖造成的干扰，同时调整塘沽六合镁 F12（PCI＝264）方向角及下倾角，使其成为问题路段西侧的主覆盖，以改善 SINR 值。

优化结果：调整塘沽六合镁 F12（PCI＝264），方向角从 240°到 170°，电子下倾角从 0°到 2°，主覆盖问题区域，另外将塘沽天富公寓 F13（PCI＝71）电子下倾角由 6°调整到 8°，塘沽天江公寓 F13（PCI＝110）电子下倾由 0°调整到 8°，解决越区覆盖问题，调整后 SINR 值低的问题有所改善，如图 5-12 所示。

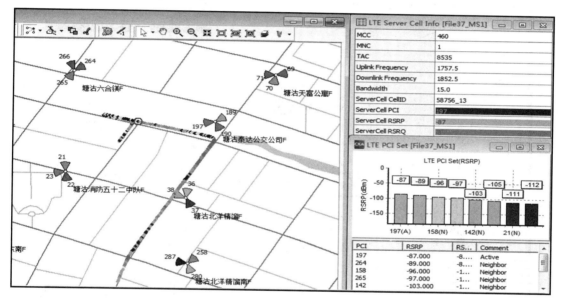

图 5-12　重叠覆盖（优化后）

5.3.2　切换问题案例分析

切换问题会影响用户感知，降低吞吐率，增加系统负荷，带来干扰，增大了 UE 掉线的风险，所以在控制网络覆盖的同时，尽量减少乒乓切换、不及时的切换、过晚的切换，优化邻区配置，保证切换的合理性以降低切换带来的风险。

下面介绍因邻区漏配、邻区间存在模三干扰、邻区 PCI 相同、频繁切换、测量参数设置问题、切换开关未打开、弱覆盖几个方面的切换问题。

1. 邻区漏配

问题描述：测试车辆沿长安街由东向西行驶，终端占用中华人民共和国科技部 2（PCI＝211）小区进行业务，车辆继续向西行驶，终端开始频繁上发测量报告，并没有网络侧下发的切换命令，导致 UE 掉话，终端掉话后重选至海淀新兴宾馆 1 小区（PCI＝201），如图 5-13 所示。

问题分析：观察当时无线环境，掉话地点中华人民共和国科技部 2 小区（PCI＝211）

RSRP 为－99 dBm,测量目标小区为海淀新兴宾馆 1 小区(PCI＝201)RSRP 为－90 dBm,两小区 RSRP 相差 9 dBm,已满足切换判决条件,但未发生切换关系。怀疑导致该现象发生的原因为两个小区的邻区关系漏配。检查基站小区配置文件后,发现两小区间确实没有相互邻区关系,使终端无法切换,导致掉话。

处理建议:添加中华人民共和国科技部 2 小区(PCI＝ 211)与海淀新兴宾馆 1 小区(PCI＝201)双向邻区关系。

优化结果:复测该区域,切换能够顺利完成。

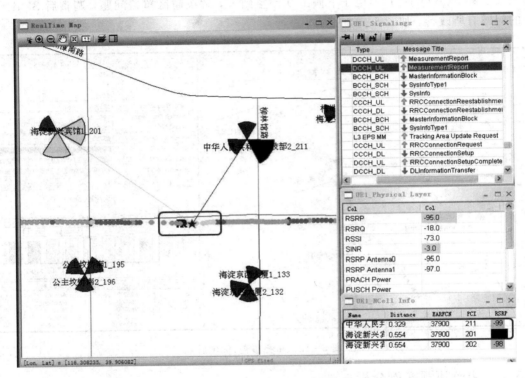

图 5-13　邻区漏配导致不能切换

2. 邻区间存在模三干扰

问题描述:测试车辆沿南环路由西向东,行驶至蓬莱高职 1 小区(PCI＝396)附近,但终端始终占用蓬莱高职 3 小区(PCI＝398)的信号,RSRP 值变差(－117 dBm 左右),不能正常切换,如图 5-14 所示。

问题分析:测试车辆沿南环路由西向东,行驶至蓬莱高职 1 小区(PCI＝396)附近,但终端始终占用蓬莱高职 3 小区(PCI＝398)的信号。核查发现,蓬莱高职 3 小区(PCI＝398)存在蓬莱市广播台 1 小区(PCI＝6)和蓬莱高职 1 小区(PCI＝396)两个 RSRP 很好的邻区,但这两个小区存在模三干扰,因而导致蓬莱高职 3 小区(PCI＝398)至蓬莱高职 1 小区(PCI＝396)的切换无法顺利完成,RSRP 逐渐变差。

处理建议:交换蓬莱广播台 1 小区(PCI＝6)和蓬莱广播台 2 小区(PCI＝7)的 PCI 值。

优化结果:复测时,能够顺利实现切换,保证手机终端具有较好的 RSRP 值。

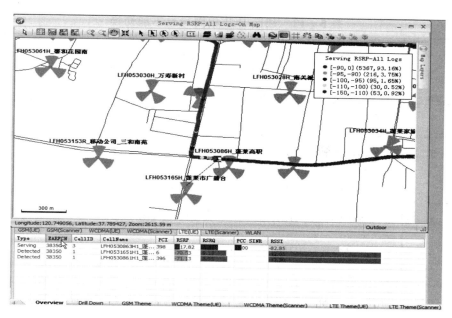

图 5-14 邻区间存在模三干扰导致不能切换

3. 邻区 PCI 相同

问题描述：在安发桥转盘附近，终端占用哈道里教师进修学校-HLH-1 小区（PCI＝15）信号，RSRP 为－92 dBm，此时邻区中哈道里安发街-HLH-2 小区（PCI＝58）RSRP 为－79 dBm，UE 持续上传测量报告，但一直未收到执行切换命令，无法正常完成切换，最终掉线，如图 5-15 所示。

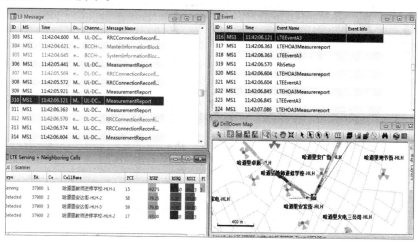

图 5-15 邻区 PCI 相同导致不能切换

问题分析：核查哈道里教师进修学校、哈道里安发街基站的状态和告警，排除基站故障问题。核查教师进修学校-HLH-1 小区（PCI＝15）与安发街-HLH-2 小区（PCI＝58）的邻区关系，排除邻区漏配。核查教师进修学校-HLH-1 小区（PCI＝15）外部邻区配置情况，发现哈道里安发街和哈道里卓展这两个邻基站存在多个 PCI 相同的不同小区，如表 5-12 所示。

表 5-12   邻区 PCI 相同导致不能切换

序号	主服务小区	邻小区名称	邻小区 PCI
1	教师进修学校-HLH-1	安发街-HLH-2	58
2	教师进修学校-HLH-1	卓展-HLH-2	58
3	教师进修学校-HLH-1	安发街-HLH-1	57
4	教师进修学校-HLH-1	卓展-HLH-1	57
5	教师进修学校-HLH-1	安发街-HLH-3	59
6	教师进修学校-HLH-1	卓展-HLH-3	59

处理建议：更改哈道里卓展基站三个小区的 PCI 值。

优化效果：优化后安发桥附近切换正常，速率 30 Mb/s 左右，无掉线现象。

4. 频繁切换

问题描述：UE 在红星路自东向西，在舒城路与红星路十字路口，占用经济信息中心-2 小区的信号，切换到林业大厦-1 小区后迅速回切到经济信息中心-2，发生 2 次切换，UE 自北向南在此处发生 2 次切换；UE 自西向东在庐江路占用林业大厦-3，然后在林业大厦-1 之间来回切换，发生 4 次切换，如图 5-16 所示。FTP 下载速率偏低，如图 5-17 所示。

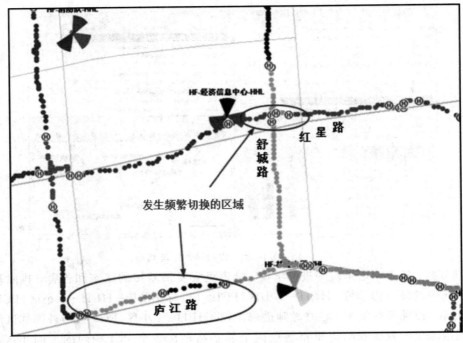

图 5-16   频繁切换(优化前)

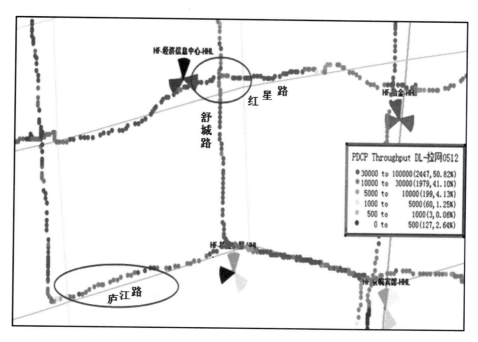

图 5-17 频繁切换影响下载速率

问题分析：林业大厦-1 小区越区覆盖到经济信息中心-2 小区的覆盖区，林业大厦-1 小区越区覆盖到林业大厦-3 小区的覆盖区。需调整控制林业大厦-1 小区的覆盖，消除越区覆盖，减少切换次数。

处理方法：如表 5-13 所示。

表 5-13　频繁切换处理方法

CellName	调整前/后的方位角	调整前/后的机械下倾角	调整前/后的功率
HF-林业大厦-HHL(D)-1	350	8/12	92/62
HF-林业大厦-HHL(D)-3	230/290	8/4	92/112

优化效果：在经济信息中心站下及庐江路西段无切换，如图 5-18 所示。下行速率得到提升，如图 5-19 所示。

5. 测量参数设置问题

问题描述：UE 从江宁二小区（PCI=446）向旭海宾馆小区（PCI=449）移动过程中，UE 始终没有上报测量报告，因此未发生切换，直接失步回到 Idle 态，如图 5-20 所示。

问题分析：UE 的邻区测量列表中没有任何邻区的测量信息，因此应该是未测量到邻区；结合基站分布和扫频信息，该区域应该可以测量到邻区。核查重配置消息的邻区参数，配置正确。核查重配置消息中的 s-Measure 参数，数值为 20，即 UE 需要在 RSRP 小于 −121 dBm 以下才会启动测量（协议值为 −141 dBm），所以参数设置不合理。

处理建议：将江宁二小区（PCI=446）的 s-Measure 改为 97（最大值）。

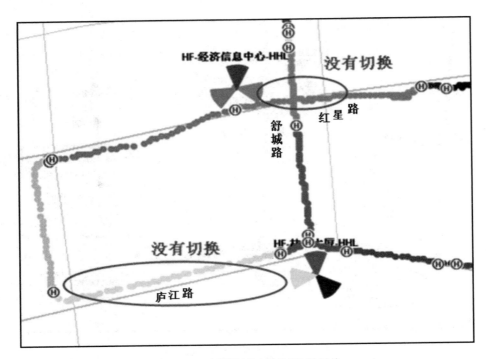

图 5-18　频繁切换（优化后）无切换

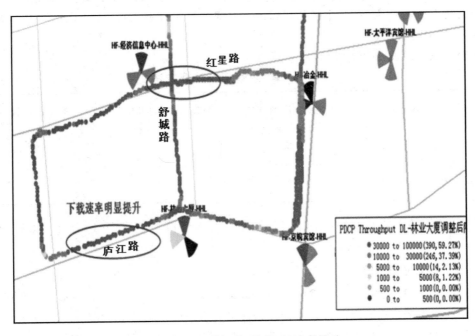

图 5-19　频繁切换（优化后）速率提升

优化效果：参数修改后，重新验证，问题解决。

6. 切换开关未打开

问题描述：3×10M 异频组网下，从老码头路由西向东行驶，UE 占用 LTE _滨江国税

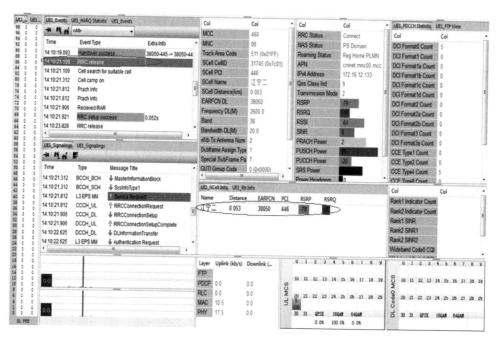

图 5 - 20 测量参数设置问题导致不切换

局_3 小区，到了 LTE _滨江国税局_2 小区覆盖路段，UE 未上发 MeasurementReport 进行切换，而是异常的切换到较远处的 LTE _可乐饭店_3 小区，随后再从 LTE _可乐饭店_3 切换到 LTE _滨江国税局_2 小区，由于 LTE _滨江国税局_3 与 LTE _滨江国税局_2 小区不能正常切换导致该路段的 RSRP 和 SINR 值都较差。由东向西行驶时，UE 占用 LTE _滨江国税局_2 向 LTE _滨江国税局_3 切换正常（反方向切换正常）。

问题分析：

（1）在问题路段，LTE _滨江国税局_3 与 LTE _滨江国税局_2 小区的切换带无线环境较好（RSRP 在 −85 dBm 以上，SINR 值在 10db 以上），排除无线环境问题。

（2）核查小区间邻区关系，LTE _滨江国税局_3 到 LTE _滨江国税局_2 的邻区已添加。

（3）通过数据分析发现，LTE _滨江国税局_3 与 LTE _可乐饭店_3 小区属于同频小区（37850），LTE _滨江国税局_3 与 LTE _滨江国税局_2 小区属于异频小区，且 LTE _滨江国税局_3 跟周围的异频小区均不能正常切换，但跟周围的同频小区均能切换正常。

（4）对 LTE _滨江国税局的切换参数设置进行核查，发现 LTE _滨江国税局_3 的 enableinterFrequencyHO 为 disabled，即异频切换开关没有打开，从而导致该小区无法进行异频切换。

处理建议：将 LTE _滨江国税局_3 小区的 enableinterFrequencyHO 改为 enabled。

优化结果：参数修改后，复测异频切换正常。

7. 弱覆盖

问题描述：测试车辆沿长安街由东向西行驶，终端发起业务占用北京银行燕京支行 2

小区（PCI＝211），车辆继续向西行驶，RSRP 从－90 dBm 降至－100 dBm 以下，出现掉话，如图 5－21 所示。

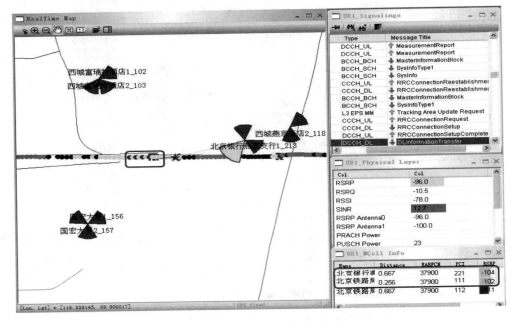

图 5－21　弱覆盖导致无法切换（优化前）

问题分析：观察该路段 RSRP 值分布发现，北京银行燕京支行 2 小区（PCI＝221）覆盖方向向西约 200 米后，出现黄色覆盖区域，RSRP 为－100 dBm 以下，邻区列表中测量到最强邻小区北京铁路局 1 小区（PCI＝111）RSRP 也是－100 dBm 以下，且两小区 RSRP 值相近，一直无法满足切换判决条件，当测试车辆继续向西行驶时，无线环境继续恶劣导致掉话。

北京银行燕京支行 2 小区（PCI＝211）天线向西方向有高层建筑遮挡，天馈系统无法调整，另北京铁路局 1 小区（PCI＝111）距离掉话区域 650 米左右，调整其天馈系统不会产生太大的改善。所以建议调整北京银行燕京支行 2 小区（PCI＝211）向铁路局 1 小区（PCI＝111）切换的迟滞量，使其更容易向铁路局 1 小区（PCI＝111）切换以避免掉话。

处理建议：具体调整方法如表 5－14 所示。

表 5－14　调整切换的迟滞量

参数名称	参数位置	原始值	目标值
邻小区个性化偏移(dB)	小区－＞邻小区关系	0	3

优化结果：调整完成后，使终端提早切换至北京铁路局 1 小区（PCI＝111），避免了终端掉话的风险。如图 5－22 所示。

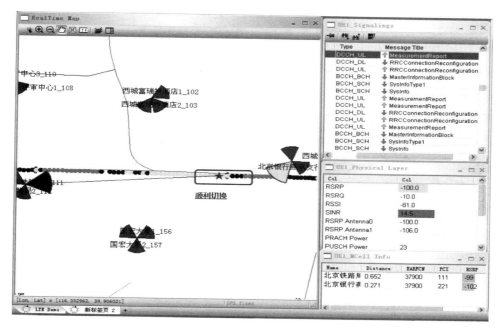

图 5-22　弱覆盖导致无法切换（优化后）

5.3.3　速率问题案例分析

LTE 网络的主要业务是数据业务，而数据传输速率是衡量数据业务的最重要的指标。影响数据传输速率的可能原因有很多，因此，分析起来难度更大。

下面介绍模三干扰、传输模式异常、专用调度请求上报周期过长、测量门限不合理、子帧配比不一致、传输网络问题、SIM 卡签约速率低、GPS 时钟跑偏影响上行速率几个方面的速率问题。

1.　模三干扰

问题描述：测试车辆沿长江西路由东向西行驶至红色区域内，如图 5-23 所示，HF-合肥 168 宾馆-HHL(D)-3 小区存在严重遮挡，不能覆盖该区域，终端占用 HF-大西门-HHL(D)-3 小区，其 RSRP 值较好（-87 dBm 左右），但 SINR 为-4 dB 左右，下载速率低。

问题分析：由邻区列表和覆盖图可知，服务小区 HF-大西门-HHL(D)-3(PCI=132)与邻区 HF-农大南门-HHL(D)-2(PCI=138)之间存在明显的模三干扰，怀疑是此原因导致该区域内 SINR 值偏低、速率低。

处理建议：将 HF-农大南门-HHL(D)-2(PCI=138)与 HF-农大南门-HHL(D)-1(PCI=139)的 PCI 互换。由于 HF-农大南门-HHL(D)-1 也在 HF-大西门-HHL(D)-3(PCI=132)的邻区列表中，所以为了避免产生新的模三干扰，将 HF-农大南门-HHL(D)-1的功率下调 3 dB。

优化结果：SINR 值明显提升，下载速率提高，如图 5-24 所示。

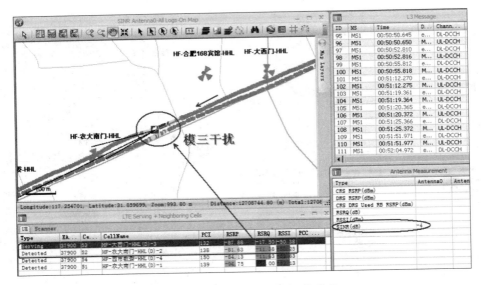

图 5-23　模三干扰影响速率（优化前）

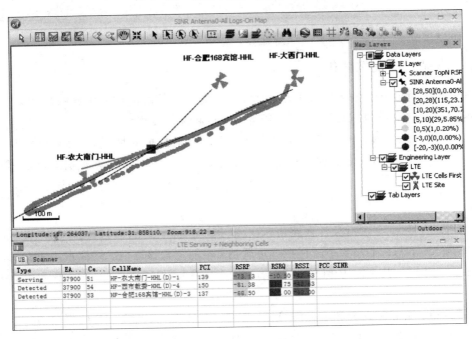

图 5-24　模三干扰影响速率（优化后）

2. 传输模式异常

问题描述：UE(Cat3)在少年宫 3 小区"好点"下做 FTP 下载业务，速率只有 25 Mb/s 左右（不足正常值的一半），如图 5-25 所示。

问题分析：通过日志回放发现，在 RSRP 和 SINR 都很好的情况下，传输模式一直为 7。正常情况下，在"好点"应采用传输模式 3，以达到较好的峰值速率，因此怀疑可能是传输模式没有改成自适应模式。

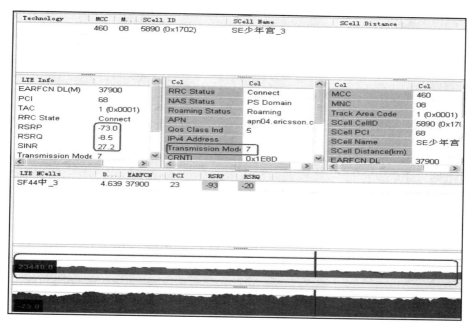

图 5 - 25　传输模式异常影响下载速率(优化前)

处理建议：网管后台将该小区传输模式由固定的 7 修改为 3/7/8 自适应模式。

问题解决：复测，UE 能稳定占有 TM3 模式，速率达到 57 Mb/s 左右，如图 5 - 26 所示。

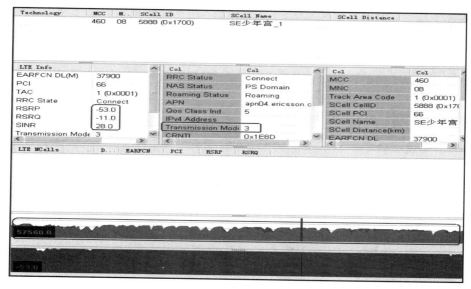

图 5 - 26　传输模式异常影响下载速率(优化后)

3. 专用调度请求上报周期过长

问题描述：在北京演示网项目移动集团 A 座的优化过程发现该站在信号强度和信号质量都比较好的情况下，下载速率只有 30 Mb/s 左右，而且 MSC 也在正常范围内，如图 5 - 27 所示。

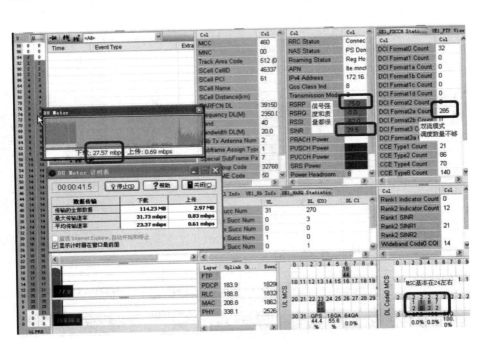

图 5 - 27　专用调度请求上报周期过长（优化前）

　　问题分析：可以看出来信号的传输模式主要在双流，影响速率的主要问题是 MSC 调度数量不够。使用 UDP 灌包的模式，速率基本可以达到 50 Mb/s 以上。通过灌包对比，可以判断速率低的主要问题不是由于无线信号质量不好引起的。观察一段时间下载情况，发现下载速率不稳定，调度数量在 200～600 间跳动，速率同时在 30 Mb/s 至 50 Mb/s 之间不断变化。可能是由于基站调度算法引起的速率不稳。核查基站参数发现 DSR（专用调度请求）上报周期为 80 ms，时间过长。

　　处理建议：将基站的调度请求参数 DSR 的上报周期改为 20 ms，如图 5 - 28 所示。

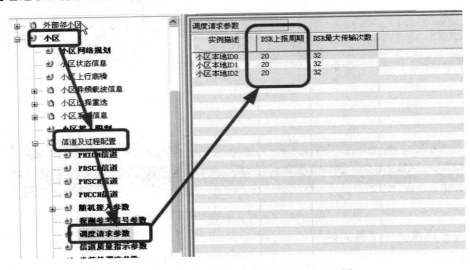

图 5 - 28　修改基站的专用调度请求上报周期

　　优化结果：MCS 调度数量稳定在 500 多，下载速率也正常、稳定，如图 5 - 29 所示。

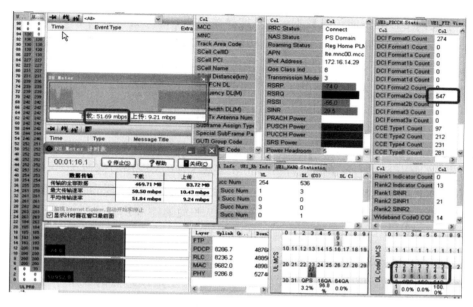

图 5-29　专用调度请求上报周期过长(优化后)

4. 测量门限不合理

问题描述：UE 占用上塘路移动 2(PCI＝4)进行 FTP 业务,无线环境很好(RSRP＝－82 dBm,SINR＝27 dB),FTP 上传平均速率 10.6Mb/s,下载平均速率 48.37 Mb/s,传输模式为 TM3,FTP 上传和下载速率均无法达到峰值速率。

问题分析：

(1) RSRP 和 SINR 都很好,上下行 BLER 都较低,排除无线环境问题。

(2) 怀疑小区存在隐性故障,将小区进行重启,重启后测试速率仍达不到峰值速率。

(3) 核查上塘路移动 2 小区与该区域之前开通站点的参数设置情况,发现上塘路移动宏站(频点 38050(BAND:38))与上塘移动室分站(频点 38950(BAND:40))为异频站点,因此上塘路移动站点开启了异频测量(A2 事件)。根据 3GPP 36.133 协议要求,UE 需要按照一定的周期进行异频测量,且在测量 Gap 周期内子帧既不能传输数据,也不能接收数据。手机能支持的 Gap 模式配置情况如表 5-15 所示。

表 5-15　手机能支持的 Gap 模式配置情况

Gap 模式 ID	测量 Gap 时长/ms	测量 Gap 重复周期/ms	480 ms 周期内异频/异系统测量最少占用时长/ms	测量的目的
0	6	40	80	E - UTRAN FDD、E - UTRAN TDD、UTRAN FDD、GERAN、LCR TDD、HRPD、CDMA 2000 1X 的异频或异系统之间
1	6	80	30	

目前现网设置的 Gap 模式为 GP0,即每过 40 ms 就需要 6 ms 的间隙进行异频测量,

在这几个子帧内 UE 既不能传输数据，也不能接收数据，因此会直接影响到上传下载速率。鉴于此，需要对 A2 事件的测量门限进行优化，使 UE 在真正需要异频切换的时候才进行异频测量。经核查，现网 A2 事件的测量门限 Threshold2InterFreq 为 85，Threshold2a 为 88，即服务小区 RSRP 低于 −55 dbm 时开始进行异频测量，高于 −52 dBm 时停止测量。按照 TD − LTE 网络的实际覆盖情况，此门限意味着 UE 一直在进行异频测量，因此需要对门限值进行优化。

处理建议：将上塘路移动 2 小区 A2 事件的测量门限 Threshold2InterFreq 从 85（−55 dbm）修改为 55（−85 dBm），Threshold2a 从 88（−52 dBm）修改为 58（−82 dBm），即 UE 在 RSRP 低于 −85 dBm 时开始进行异频测量，高于 −82 dBm 时停止测量。

优化结果：异频测量参数修改后，FTP 上传平均速率 15.37 Mb/s，下载平均速率 59.72 Mb/s，上传和下载速率均能达到峰值速率。

5. 子帧配比不一致

问题描述：滨江电力公司在进行 FTP 上传业务时发现该站点的 3 个小区的速率都比较低，尤其是 1、2 小区，上传速率只能达到 2～5 Mb/s。

问题分析：

（1）从测试日志发现滨江电力 1 小区 BLER 较高，MCS 较低，因此怀疑和干扰有关；

（2）分析滨江电力 3 小区日志发现该小区的子帧配比为 3∶1，核查参数，结果属实，而周边基站的子帧配比为 2∶2，因此怀疑和小区间上下行子帧相互干扰有关。

处理建议：调整滨江电力 3 小区子帧配比为 2∶2，和网内其它站点子帧配置相同。

优化结果：统一子帧配比后，三个小区上传速率均达到 15 Mb/s 以上。

6. 传输网络问题

问题描述：在长河水产市场站的"好点"，下载速度低，只有 8～10 Mb/s。

问题分析：

（1）更换不同的电脑分别在不同的"好点"进行测试，下载速度均只能达到 8～10 Mb/s，排除无线环境的因素。

（2）检查电脑网卡设置，修改 TCP 相关参数，排除电脑本身的网卡设置问题导致无法达到要求的速率原因。

（3）使用 jperf 进行 UDP 灌包，发现主要问题在传输网上，由于传输网的限制导致下载速率低。

处理建议：由传输工程师进行传输网速率限制问题排查。

优化结果：在传输网上改变了 PTN 的 QoS 配置的限制之后，进行下载验证，测试结果恢复正常，TM2 模式下载速率达到 30 Mb/s 以上。

7. SIM 卡签约速率低

问题描述：测试峰值速率过程中，在"好点"，TM3 模式下，下载速率低，一直保持在 8 Mb/s 左右，如图 5 − 30 所示。

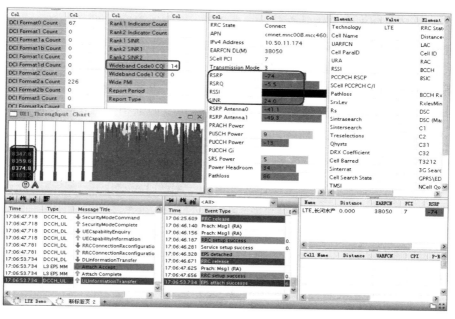

图 5-30　SIM 卡签约速率低（优化前）

问题分析：测试点的无线环境很好，CQI 比较高，后台参数配置无异常，而测试中下载速率一直为 8 Mb/s，且相对平稳。解码"Attach Accept"信令发现"APN aggregate maximum bit rate"中的上下行最大速率都为 8640 kb/s，如图 5-31 所示。判断此 SIM 卡与核心网的签约最大速率为 8640 kb/s，因而速率受限，导致速率低。

处理建议：将 SIM 卡签约最大速率改为 64 Mb/s。

优化结果：实测速率明显提升。

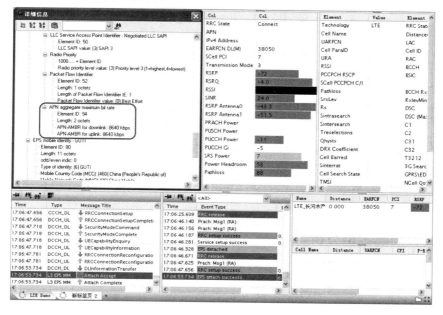

图 5-31　解码"Attach Accept"信令查看签约最大速率

8. GPS 时钟跑偏影响上行速率

问题描述：华盛街站点附近干扰严重，华盛街_1UL INT≥−92 dBm 占比 73％；华盛街_2 UL INT≥−92 dBm 占比 33％；华盛街_3 UL INT≥−92 dBm 占比 37％；RSRP＝−65 dBm，SINR＝30 dB，上行速率约 9.7 Mb/s（子帧配比 2∶2，特殊子帧配置 10∶2∶2）。同时，周边的华安证券等站点朝向华盛街方向的小区也存在较强的上行干扰，如图 5−32 所示。

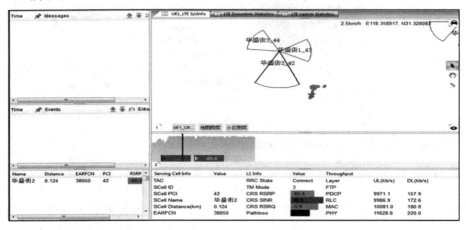

图 5−32　GPS 时钟跑偏影响上行速率（优化前）

问题分析：进行干扰排查过程，步骤如下：

（1）关闭周边站点，保留华盛街开启，华盛街干扰略有减弱；

（2）关闭华盛街站点后，周边站点干扰消除，说明华盛街为干扰源；

（3）初步怀疑华盛街站内问题，可能与 GPS 时钟跑偏有关，需要上站排查。GPS 时钟跑偏对上下行的影响，如表 5−16 所示。

表 5−16　GPS 时钟跑偏对上下行的影响

子帧-特殊时隙-GPS状态		5ms					5ms			
2:2-10:2:2-GPS时钟提前	D	S	U	U	D	D	S	U	U	D
2:2-10:2:2-GPS时钟正常		D	S	U	U	D	D	S	U	U	D
2:2-10:2:2-GPS时钟落后			D	S	U	U	D	D	S	U	U	D

处理建议：上站排查 GPS 时钟跑偏问题。

优化结果：干扰消除，RSRP＝−76 dBm，SINR＝30 dB，上行数据速率达到 19.4 Mb/s。

5.3.4　其他问题案例分析

1. 扇区接反

问题描述：测试车辆由西向东行驶至问题路段，占用高职_新安全局 3 小区（PCI＝362），RSRP 较好，但 SINR 很差（−4 dB 左右），如图 5−33 所示。

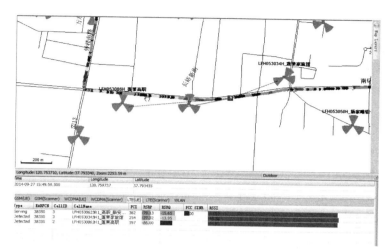

图 5-33　扇区接反

问题分析：从测试日志发现，主服务小区高职_新安全局 3 小区（PCI＝362）与邻区蓬莱家旅馆的 3 小区（PCI＝254）存在模三干扰。同时，从覆盖图看，该路段应该由高职_新安全局 2 小区覆盖。推测高职_新安全局 2、3 小区存在扇区接反的问题，因而产生模三干扰，导致 SINR 值差。

处理建议：通知工程部核查高职_新安全局的 2、3 小区的扇区接反问题。

优化结果：扇区接反问题纠正后，SINR 值提升。

2.　小区尚未开通

问题描述：测试车辆沿南环路由西向东行驶至与南河路交叉附近时，占用海琴苑 1 小区（PCI＝269）的信号，RSRP 很差（−113 dB 左右），却始终没发生切换。从区域覆盖来看，此地段本应由南王十里堡 3 小区覆盖，但始终未收到该小区的信号，如图 5-34 所示。

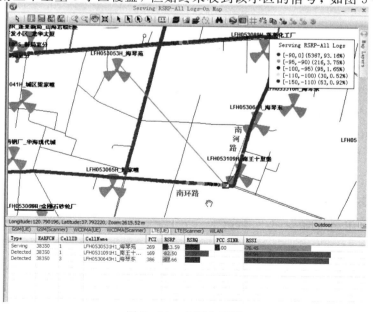

图 5-34　小区未开通

问题分析：终端占用海琴苑 1 小区（PCI＝269）的信号，RSRP 很差（－113 dB 左右），却始终没与其邻区南王十里堡 1 小区（PCI＝169）发生切换，怀疑可能存在邻区漏配问题。且从天线方向图来看，海琴苑 1 小区（PCI＝269）的覆盖方向存在扇区接反的问题。从区域覆盖来看，此地段本应由南王十里堡 3 小区覆盖，但始终未收到该小区的信号，初步判断为南王十里堡 3 小区尚未开通，因此导致此路 RSRP 差。

处理建议：

（1）检查海琴苑 1 小区（PCI＝269）是否存在扇区接反的问题；

（2）完善邻区关系；

（3）督促南王十里堡 3 小区的开通。

3．期望电平值过低

问题描述：在师大图书馆站点测试时，UE 发起随机接入时，出现多次接入失败现象，如图 5－35 所示。

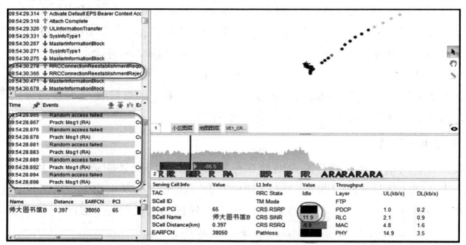

图 5－35　期望电平值过低影响接入（优化前）

问题分析：分析测试日志时发现基站要求 UE 按照 PreambleInitial Received Target Power＝－110 dBm 随机接入，此期望电平值设置较低，可能会影响接入成功率。

处理建议：将随机接入功率参数 PreambleInitial Received Target Power 由－110 dBm 改为－104 dBm。

优化结果：参数修改后，再未出现随机接入失败现象，问题得到解决，如图 5－36 所示。

4．跟踪区码错误

问题描述：UE 在东城家园小区（PCI＝438）向大学城 2 小区（PCI＝33）切换成功后，发生跟踪区更新（TAU）过程，TAU 完成后 RRC 连接被异常释放，如图 5－37 所示。

问题分析：从 TAU 更新的消息类型看，是正常的 TAU 更新过程。怀疑是大学城 2 小区（PCI＝33）的跟踪区码（TAC）配置错误。测试日志中查看该小区的 TAC 为 511，但信令中查看该小区的 TAC 配置为 515。

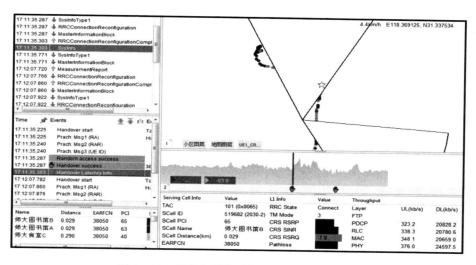

图 5-36　期望电平值过低影响接入（优化后）

处理建议：将大学城 2 小区（PCI＝33）的 TAC 修改为 511。

优化结果：修改参数后，重新测试，小区切换后没有再发生 TAU 过程，问题解决。

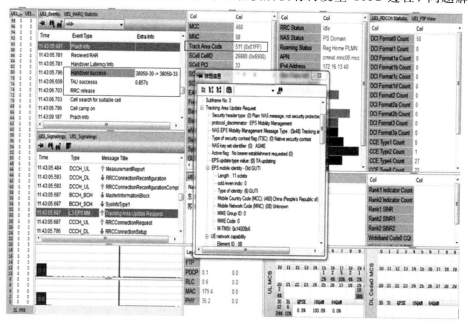

图 5-37　跟踪区码错误

5. 小区驻留门限异常

问题描述：室内分布小区在窗口或电梯口开机无法实现小区驻留，并且在 Idle 态时在这些位置经常脱网。

问题分析：在室分中心区域进行业务并移动到这些地点，业务可以保持，且速率仍然比较高，且进出电梯能够正常切换。查看脱网地点的 RSRP 也比较高，为 －90 dBm 左右，怀疑网络侧参数配置有问题。查看测试日志，发现 SIB1 消息中的 q_RxLevMin 值为 －40，即要求终端的 RSRP 值在大于等于－80 dBm 时才能驻留小区。

处理建议：将网络侧 q＿RxLevMin 值减小，改为－120 dBm。

优化结果：重新测试，没有再出现问题。

6．CSFB 建立时延过长

问题描述：在由 LTE 回落 WCDMA 的 CSFB 接通测试过程中，有 10 次 CSFB 建立时延在 10 秒以上，影响 CSFB 建立平均时延指标。

问题分析：CSFB 时延由两部分构成：从 LTE 回落至 WCDMA 的时延和从 WCDMA 网络起呼直至振铃的时延。通过分析这 10 次 CSFB 建立时延过长的事件发现，从 LTE 回落至 WCDMA 的时延正常，均在 0.1 秒左右，如图 5 - 38 所示。造成 CSFB 建立时延过长的主要原因是在 WCDMA 起呼直至振铃过程中有多次 ACTIVE SET UPDATE，影响了呼叫建立时延，如图 5 - 39 所示。

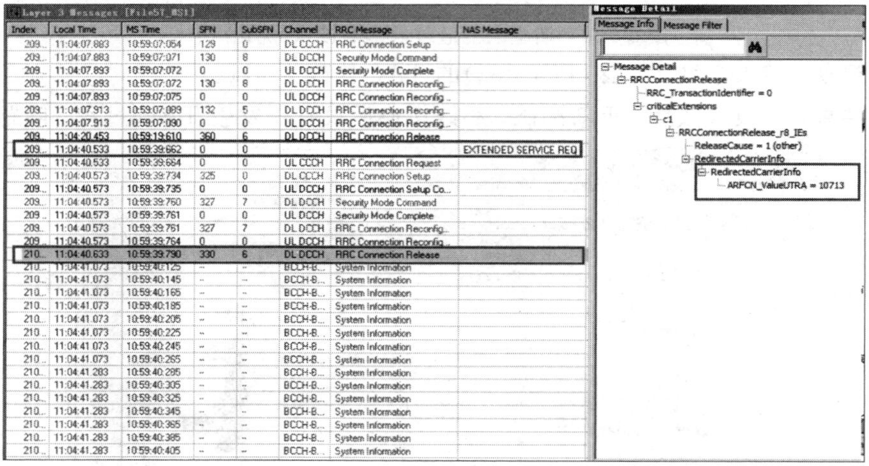

图 5 - 38　从 LTE 回落至 WCDMA

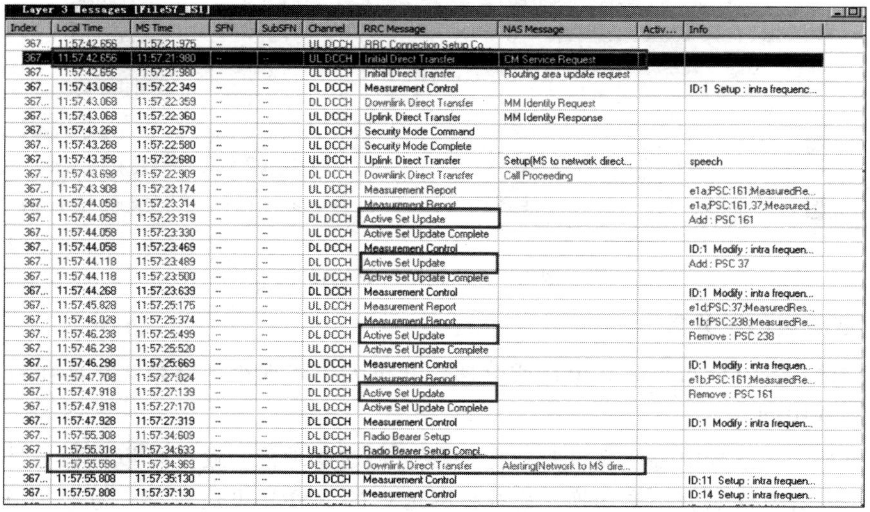

图 5 - 39　从 WCDMA 起呼至振铃过程

对 CSFB 建立时延过长的 10 次呼叫进行统计，占用的 3G 小区情况如表 5－17 所示。

表 5－17　CSFB 建立时延过长占用的 3G 小区

起呼时间	接通时间	建立时延/s	占用 3G 小区
11:04:41	11:04:55	14.282	塘沽北洋精馏 W3
11:09:30	11:09:45	14.192	塘沽美克宿舍西 W1
11:57:41	11:57:56	14.102	塘沽服务外包产业园 W3
12:02:32	12:02:47	14.172	塘沽美克宿舍北 W1
14:15:23	14:15:36	13.61	塘沽莱茵春天西 W3
14:18:04	14:18:18	14.093	塘沽莱茵春天西 W1
14:21:03	14:21:17	13.992	塘沽丽水园 W3
14:48:19	14:48:33	13.972	塘沽宏达公寓 W2
14:49:46	14:50:00	14.192	塘沽海天洗浴 W3
15:20:39	15:20:51	11.904	塘沽华纳公寓 W1

处理建议：问题交由 WCDMA 网络优化工程师处理。

思考与练习

1. 选择题

（1）LTE 要求下行速率达到（　　　　）Mb/s，上行速率达到（　　　　）Mb/s。

A. 50　　　　　　　　B. 75　　　　　　　　C. 100　　　　　　　　D. 1000

（2）同频、异频或不同技术网络的小区重选信息在哪条信令中。（　　　　）

A. SIB2　　　　　　　B. SIB3　　　　　　　C. SIB4　　　　　　　D. SIB5

（3）哪条消息中指示此次呼叫是 CSFB 的呼叫。（　　）

A. Extended Service Request　　　　　　　　B. S1AP UE Context

C. RRC Connection Release　　　　　　　　D. S1 UE Context Release

（4）LTE 组网，可以采用同频也可以采用异频，以下哪项说法是错误的？（　　　　）

A. 10M 同频组网相对于 3×10M 异频组网可以更有效地利用资源，提升频谱效率

B. 10M 同频组网相对于 3×10M 异频组网可以提升边缘用户速率

C. 10M 同频组网相对于 3×10M 异频组网，小区间干扰更明显

D. 10M 同频组网相对于 3×10M 异频组网，算法复杂度要高

（5）S1 释放过程将使 UE 从（　　　　）

A. ECM－CONNECTED 到 ECM－IDLE

B. ECM－IDLE 到 ECM－CONNECTED

C. ECM－CONNECTED 到 ECM－CONNECTED

D. ECM – IDLE 到 ECM – IDLE

(6) 360 km/h 车速，3 GHz 频率的多普勒频移是(　　　　　)Hz。

A. 100 　　　　　 B. 300 　　　　　 C. 360 　　　　　 D. 1000

(7) 下行物理共享信道是(　　　　)

A. PDSCH 　　　　 B. PCFICH 　　　　 C. PHICH 　　　　 D. PDCCH

2. 判断题

(1) 在核心网不支持 IMS 网络时，也可以进行基于 VoIP 技术的语音业务。(　　　　)

(2) CSFB 中用到的最主要的接口是 SGs 接口，它是 MME 和 MSC 之间的接口，用来处理 EPS 和 CS 域之间的移动性管理和寻呼流程。(　　　　)

(3) 在测试过程中车速的快慢不会对测试结果产生影响。(　　　　)

3. 简答题

(1) 处理网络中的掉线问题的思路？

(2) 频繁切换或频繁上报测量报告不发生切换会对网络造成哪些影响，如何处理？

项目六　撰写网络优化报告

撰写网络优化报告(21min).mp4

任务 6.1　网络优化报告示例

6.1.1　室外单站优化报告

这里以天津宝坻某基站为例，介绍室外单站优化报告的写法。室外单站优化报告整体是一个 Excel 文件，包括四个表单：路测分布图、宏站单站优化表、站点性能验收表和问题汇总表。

1. 路测分布图

（1）DT RSRP 分布图。该基站整体路测 RSRP 分布图和三个扇区各自的路测 RSRP 分布图分别如图 6-1(a)、(b)、(c)、(d)所示。

（2）DT SINR 分布图。该基站整体路测 SINR 分布图和三个扇区各自的路测 SINR 分布图分别如图 6-2(a)、(b)、(c)、(d)所示。

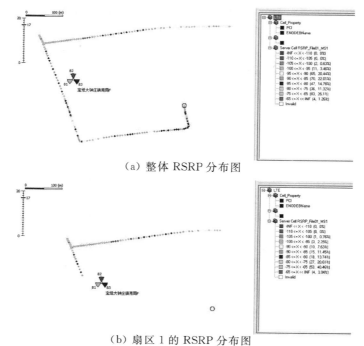

（a）整体 RSRP 分布图

（b）扇区 1 的 RSRP 分布图

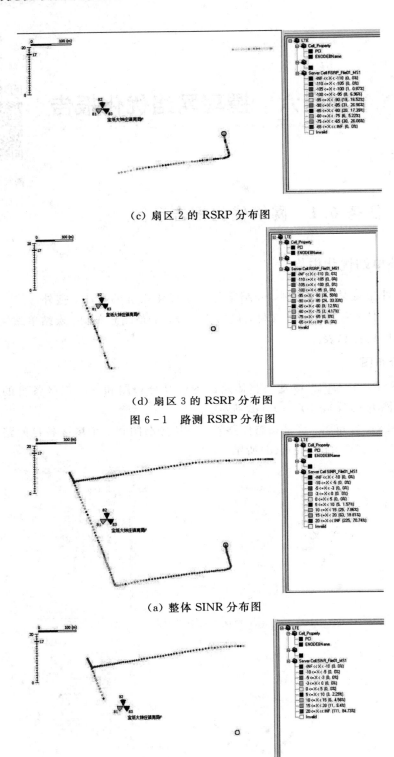

（c）扇区 2 的 RSRP 分布图

（d）扇区 3 的 RSRP 分布图

图 6-1　路测 RSRP 分布图

（a）整体 SINR 分布图

（b）扇区 1 的 SINR 分布图

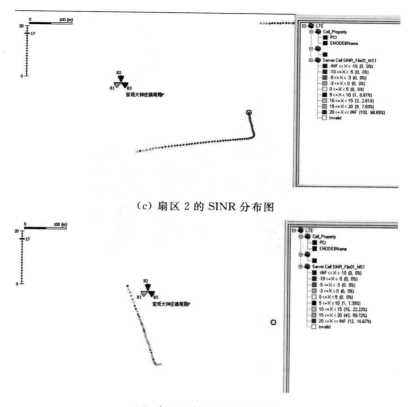

（c）扇区 2 的 SINR 分布图

（d）扇区 3 的 SINR 分布图

图 6-2 路测 SINR 分布图

（3）DT 切换事件点分布图。路测切换事件点分布图如图 6-3 所示。图中，红色区域为 PCI 为 82 的扇区（扇区 1）覆盖道路，蓝色区域为 PCI 为 83 的扇区（扇区 2）覆盖道路，绿色区域为 81 号扇区（扇区 3）覆盖道路。

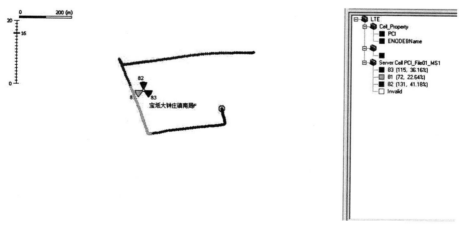

图 6-3 路测切换事件点分布图

（4）实景拍照。被测基站及周边环境图如图 6-4 所示。

图 6-4 实景拍照

2. 宏站单站优化表

为了便于显示和观看，将此宏站单站优化表分割为表头、天馈参数核查、基本参数核查、站点天馈及状态核查、CQT 测试和 DT 测试六部分，分别如表 6-1(a)、(b)、(c)、(d)、(e)和(f)所示。本站为 FDD-LTE 基站，表中的未核查项(为空)为 TD-LTE 制式的参数。

表 6-1　宏站单站优化表

(a) 表头

基站名称	宝坻大钟庄镇南局 F	归属分公司	宝坻	所属 MME		8
站点详细地址	天津宝坻大钟庄镇南局	基站编号	57388	站点类型(BBU+RRU、RRU 拉远)		BBU+RRU

(b) 天馈参数核查

	检测项	实测值		
		S1	S2	S3
天馈参数核查	天线挂高	40	40	40
	经度	117.566635		
	纬度	39.686699		
	天线类型	普通天线	普通天线	普通天线
	方位角	0	120	240
	机械倾角	4	4	4
	预置电子倾角	3	3	3
	天线合路情况(多系统共天线描述)	独立天线	独立天线	独立天线
	天线模式(XTXR)	2T2R	2T2R	2T2R
	(TD-LTE)天线和 RRU 极化端口顺序一致			

(c) 基本参数核查

	检测项	参数测试值/参数规划值		
		S1	S2	S3
基本参数核查	PCI	82/82	83/83	81/81
	频点	1872.5/1872.5	1872.5/1872.5	1872.5/1872.5
	带宽(UL/DL)	20M/20M	20M/20M	20M/20M
	双工方式(FDD、TDD)	FDD/FDD	FDD/FDD	FDD/FDD
	TDD 子帧配置			
	RS EPRE	15.2/15.2	15.2/15.2	15.2/15.2
	p－a	－3/－3	－3/－3	－3/－3
	p－b	1/1	1/1	1/1
	ECI：ENodeBID＋CellID	5738811/5738811	5735812/5735812	5735813/5735813
	eNB ID	57388/57388	57388/57388	57388/57388
	归属 TAC	8529/8529	8529/8529	8529/8529

(d) 站点天馈及状态核查

	检查项	检查结果		
		S1	S2	S3
站点天馈及状态核查	天线与馈线连接关系是否正确，不存在馈线接反、接错等问题	正确	正确	正确
	LTE 天线与其他系统隔离度是否满足要求	满足	满足	满足
	天线类型是否与设计一致	一致	一致	一致
	电调天线与 RRU 的连接线是否连接正确			
	经纬度是否与规划一致	一致	一致	一致
	邻区是否已配置	是	是	是
	是否存在上行干扰(上行 RSSI＞－95dBm)	否	否	否
	传输类型(FE＋IPRAN)	IPRAN	IPRAN	IPRAN
	传输是否正常	正常	正常	正常
	小区是否激活	是	是	是
	GPS 天线安装是否符合设计要求	是	是	是

（e）CQT 测试

检 测 项	测试点	S1	S2	S3
	RSRP	－83	－74	－83
	SINR	23.3	30	26.4
CQT 数据及语音业务	CQT FTP 下载吞吐量（峰值）（空载，RSRP＞－90 dBm，SINR＞20 dB，FDD：≥85 Mb/s；TDD：≥75 Mb/s）	109.6	139.6	109.6
	FTP 上传吞吐量（峰值）（空载，RSRP＞－90 dBm，FDD：≥45 Mb/s；TDD：≥9 Mb/s）	47.6	49.2	47.2
	Ping 时延测试(32B)（空载，RSRP＞－90 dBm，SINR＞20 dB，时延应小于 30 ms）	30	30	30
	CSFB 建立成功率	100%	100%	100%
	CSFB 呼叫建立时延（空载，RSRP＞－90 dBm，SINR＞20 dB，主叫和被叫时延应均小于 6.2 s）	4.67	4.39	4.562

（f）DT 测试

DT 测试	检 测 项	检测结果		
		S1	S2	S3
DT 切换	切换正常（同站内各小区间切换成功）	正常	正常	正常
DT 覆盖	覆盖正常，不存在严重阻挡及天馈接反问题	正常	正常	正常

3. 站点性能验收表

　　站点性能验收表包括室外宏站、室分站两部分、表尾三部分，为了便于显示和观看，将站点性能验收表分为三个表。本站点为室外宏站，其站点性能验收表如表 6-2(a)所示。室分站的站点性能验收表如表 6-2(b)所示，其中验收结果数据为空，且由于是网络初建，所以三类站点基线指标值都相同。表尾部分如表 6-2(c)所示。

表 6-2 站点性能验收表

（a）室外宏站部分

指标项			基线值		指标说明	验收结果		
			FDD	TDD		S1	S2	S3
宏基站	CQT	Ping 时延(32B)	≤30ms	≤30ms	从发出 Ping Request 到收到 Ping Reply 之间的时延平均值	30	30	30
		FTP 下载	≥85Mb/s	≥75Mb/s	空载,覆盖好点,MAC 层峰值,Cat3 类终端	109.6	139.6	109.6
		FTP 上传	≥45Mb/s	≥9Mb/s	空载,覆盖好点,MAC 层峰值,Cat3 类终端	47.6	49.2	47.2
		FTP 下载(均值)	≥50Mb/s	≥45Mb/s	空载,覆盖好点,MAC 层均值,Cat3 类终端	95.2	126.4	92.8
		FTP 上传(均值)	≥30Mb/s	≥6Mb/s	空载,覆盖好点,MAC 层均值,Cat3 类终端	42.4	42.8	41.2
		CSFB 建立成功率	98%	0.98	覆盖好点	100%	100%	100%
		CSFB 建立时延	6.2s	6.2s	主被叫均为 LTE 终端,UE 在 LTE 侧发起 Extend Service Request 消息开始,到 UE 在 WCDMA 侧收到 ALERTING 消息	4.67	4.39	4.562
		PCI	正常	正常	与设计值一致	正常	正常	正常
	DT	切换情况	正常	正常	同站小区间切换,能正常切换	正常	正常	正常
		小区覆盖测试	正常	正常	在小区主覆盖方向,市区 200 米内,郊区 300 米内: RSRP > −90dBm,SINR >5dB	正常	正常	正常

（b）室分站部分

指标项			基 线 值			指标说明	验收结果
			A 类站点	B 类站点	C 类站点		
室分系统	CQT	FTP 下载速率（双通道）	峰值≥90Mb/s；平均≥50Mb/s			空载，覆盖好点，MAC 层，Cat3 类终端	
		FTP 下载速率（单通道）	峰值≥45Mb/s；平均≥35Mb/s			空载，覆盖好点，MAC 层，Cat3 类终端	
		FTP 上传速率	峰值≥45Mb/s；平均≥30Mb/s			空载，覆盖好点，MAC 层，Cat3 类终端	
		CSFB 建立成功率	98%			覆盖好点	
		CSFB 建立时延	6.2s			主被叫均为 LTE 终端，UE 在 LTE 侧发起 Extend Service Request 消息开始，到 UE 在 WCDMA侧收到 ALERTING 消息	
	DT	Ping 时延（32B）	≤30ms			从发出 Ping Request 到收到 Ping Reply 之间的时延平均值	
		RSRP 分布	＞－100dBm（95%）	＞－105dBm（95%）	＞－110dBm（95%）	＞－100dBm（95%）表示 RS－RSRP＞－100dBm 的比例≥95%，其他类推	
		SINR 分布（双通道）	＞6dB（95%）	＞4dB（95%）	＞2dB（95%）	＞6dB（95%）表示 RS－SINR＞6dB 的比例≥95%，其他类推	
		SINR 分布（单通道）	＞5dB（95%）	＞3dB（95%）	＞1dB（95%）	＞5dB（95%）表示 RS－SINR＞5dB 的比例≥95%，其他类推	
		连接建立成功率	≥99%	≥98.5%	≥98%	连接建立成功率＝成功完成连接建立次数/终端发起分组数据连接建立请求总次数	
		PS 掉线率	≤0.5%	≤1%	≤1.5%	PS 掉线率＝业务掉线次数/业务接通次数×100%	
		切换情况	正常			出入口室内外切换，每个出入口往返 3 次以上，能正常切换	
		室内信号外泄比例	≥90%			建筑外 10 米处接收到室内信号≤－110dBm 或比室外主小区低 10dB 的比例	
		系统驻波比	≤1.5			分布系统总驻波比	

（c）表尾部分

基站或室分小区名称：		ENodeB ID/ECI：	
验收单位：		验收日期：	
验收人（签字）：			

4. 问题汇总表

由于天津宝坻某基站优化后只存在一个问题，所以问题汇总表比较简单，如表6-3所示。

表 6-3　问题汇总表

序号	基站名	基站ID	问题类别	问题描述与分析	调整方法	问题现状	日期	测试工程师	备注
1	宝坻大钟庄镇南局F	57388	电调天线未验证；DT测试未闭合	电调天线未验证；DT测试未闭合	未调整	待解决	2014-6-2	张三	

6.1.2　分簇优化报告

分簇优化报告分为概述、分簇优化测试指标和分簇优化问题分析三个部分。这里以天津汉沽某FDD-LTE网络的某个簇为例加以介绍。

1. 概述部分

概述部分又分为覆盖区域描述、区域站点详细信息、测试工具和测试路线四个部分，下面分别加以介绍：

1）覆盖区域描述

覆盖区域描述分为文字描述和图片描述两部分。文字描述言简意赅，说明该区域的位置，周边环境特征即可，例如：

汉沽覆盖区域主要道路及地形覆盖：主要区域是汉沽城区，汉沽化工厂周边，运河以东道路及居民区。

相应的图片描述一般是从电子地图中截取的，如图6-5所示。

2）区域站点详细信息

区域站点详细信息用列表形式描述更加一目了然，如表6-4所示。

3）测试工具

测试工具项目也可用列表形式，如表6-5所示。

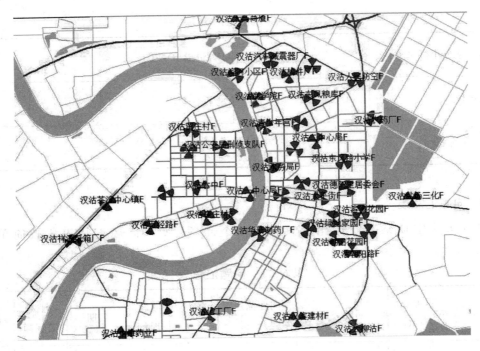

图 6-5　覆盖区域图片描述

4）测试路线

测试路线用图形描述最为清楚。一般是使用工具软件（如：MapInfo）从前台测试 log 中导出图形，然后手工连线，如图 6-6 所示。

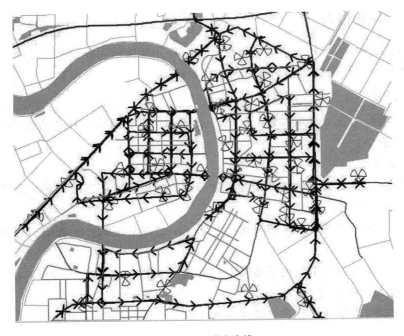

图 6-6　测试路线

表 6 - 4　区域站点详细信息表

序号	基站站名	是否单验	开通情况	备注
1	汉沽滨海花园 F	是	开通	无
2	汉沽滨河小区 F	是	开通	无
3	汉沽茶淀中心镇 F	是	开通	无
4	汉沽朝阳花园 F	是	开通	无
5	汉沽朝阳路 F	是	开通	无
…	…	…	…	…

表 6 - 5　测试工具

序　号	项　目	内　容
1	测试软件	Pilot Pioneer V6.01
2	测试终端	MF831（测试网卡），Q801U（测试手机）
3	测试方式	DT

2. 分簇优化测试指标部分

分簇优化测试指标部分包括测试重点指标对比和测试指标情况说明两部分。

1）测试重点指标对比

这里直接给出测试结果，示例如表 6 - 6 所示。

表 6 - 6　测试重点指标对比

测试内容	测试指标	测试结果
覆盖类	RSRP＞−100 dBm 比例	96.17%
	SINR＞−5 dB 比例	98.65%
	SINR＞−3 dB 比例	97.84%
	LTE 覆盖率（RSRP＞−100 & SINR＞−5 Samples）比例	94.18%
	重叠覆盖率	16.1%
保持类	平均下载速率（Mb/s）	10.45
	切换次数/次	530
	切换成功次数/次	529
	切换成功率	99.8%
	切换时延（控制面时延）	46
接入类	数据连接建立成功率	100%
	数据掉线率	100%
	CSFB 接通率	100%
	CSFB 掉话率	100%
	CSFB 接入平均时延	100%

2）测试指标情况说明

本部分主要用图形的形式并辅以简单的文字，将优化测试前后的相关性能指标进行对比，证明优化的效果。如图 6-7 所示为 RSRP 指标优化前后对比图，图 6-8 所示为 SINR 指标优化前后对比图，图 6-9 和图 6-10 所示分别为 PDCP 下载和上传速率优化前后对比图。

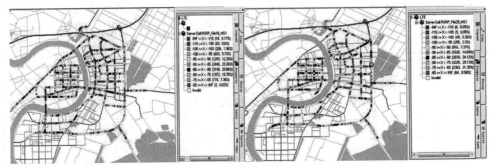

图 6-7　RSRP 指标优化前后对比图

图 6-8　SINR 指标优化前后对比图

通过区域优化，塘沽巡检区域的 PDCP 下载速率指标有了明显的提升。

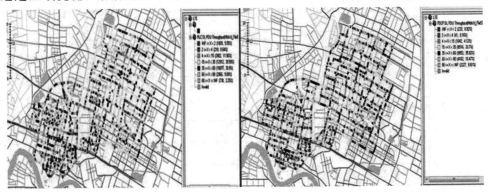

图 6-9　PDCP 下载速率优化前后对比图

总体来看，调整后汉沽区域 RSRP 指标有明显改善。

通过区域优化，塘沽巡检区域的 PDCP 上传速率指标有了明显的提升。

图 6-10　PDCP 上传速率优化前后对比图

3. 分簇优化问题分析

此处将分簇优化测试过程中遇到的所有问题、解决方法和最终结果以文字和图形的形式列出，加以说明。若问题较多，则可以归类说明，如 RSRP 质量问题、SINR 干扰问题、数据建立连接问题、掉线问题、CSFB 接通问题、CSFB 掉话问题、CSFB 建立时延过长等。

6.1.3　投诉处理报告

投诉处理报告是针对客户投诉的重点问题进行测试优化处理后撰写的总结报告。投诉处理报告大致包括概述、测试分析和测试总结三个部分，下面分别加以介绍。

1. 概述部分

概述部分包括投诉时间、投诉地点、投诉内容、投诉问题分类、投诉地点经纬度、处理时间、处理人等基本信息，如下斜体字部分所示。此外还要附上 GPS 地图（上面标明投诉地点范围），如图 6-11 所示。

图 6-11　投诉地点 GPS 附图

投诉时间：2014 - 12 - 10

投诉地点：东丽东金路兴农立交桥附件

投诉内容：用户反应在东丽东金路兴农村附件手机在 4G 状态下被叫无法接通。

处理时间：2014 - 12 - 10

处理人员：张三

投诉工单号：

投诉问题分类：语音

投诉地点经纬度：117.458369，39.093872

2．测试分析部分

测试分析部分包括简单的情况说明和测试附图。

用户反应东丽东金路立业钢铁附近手机在 4G 状态下有被叫失败现象。通过查看周边无线环境发现，该地区主要占用东丽江发金属 F12 的信号，RSRP 在 −75 dBm 左右，SINR 在 20 dB 左右。

在投诉地区附近进行 RSRP 和 SINR 测试的记录分别如图 6 - 12 和 6 - 13 所示，两图中黑色轨迹为语音通话时打点。

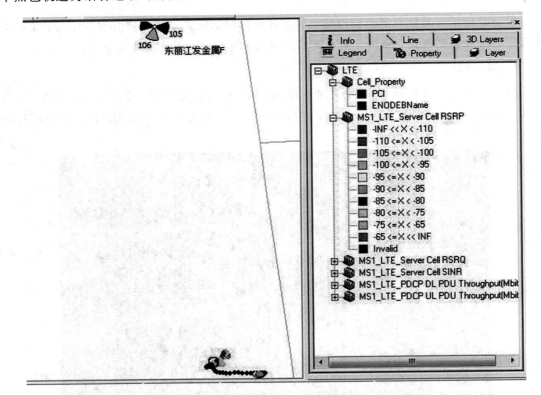

图 6 - 12　投诉地点 RSRP 测试

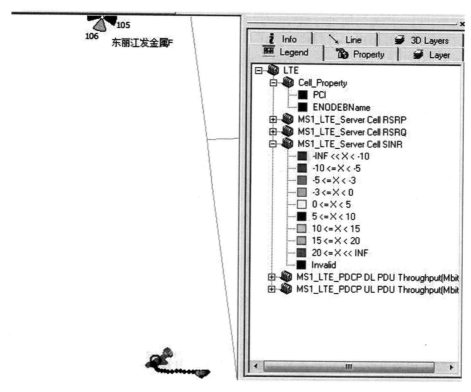

图 6-13　投诉地点 SINR 测试

3. 测试总结部分

测试总结部分主要用文字简述投诉问题、针对问题采取的测试手段和方法、根据测试结果进行问题分析定位及最终是否已经解决问题等。如下面斜体字部分所示。

现场测试该地区信号覆盖很好，未出现被叫无法接通情况，将客户手机卡放在测试机中进行拨打测试可以正常接通，将测试机手机卡放在客户手机内一样是在 4G 状态下无法正常接通，在 3G、2G 上接通正常，由此判断手机可能存在问题；另通过网络查询用户所用的华为荣耀 6 联通版所支持的 FDD 制式未被解锁，依旧还是 FDD - LTE 仅支持国际漫游状态。而在客户生活工作区域无 TDD 基站，造成用户手机无法占到 TDD 信号，占到 FDD 信号但无法正常使用，出现被叫无法接通情况。

任务 6.2　撰写网络优化报告

网优报告是网优工程师工作过程及结果的书面体现，是每个网优工程师必须掌握的基本技能。作为一个网优测试工程师，其工作的 40%～50% 时间在做测试，而 50%～60% 时间是在撰写网优报告。

网优报告有各种各样的类型，但基本可分为两大类：例行报告和专题报告。

1. 例行报告

例行报告属于周期性的报告，以不同长短的时间为周期进行撰写，常见的有：

- 周报：以一周为周期进行编写，对一周内的工作进行总结；
- 月报：以一月为周期进行编写，对一月内的工作进行总结；
- 总结报告：项目结束时进行编写，对整个项目的工作进行总结，并提交给客户签字认可。

2. 专题报告

专题报告是针对某个方面而写的一种报告。报告内容较为灵活，例如可以是某个网络指标的分析、某个网络问题的分析、某个地区网络的分析等等。专题报告撰写没有时间周期要求，根据工作需要撰写。比如最常见的 DT 测试报告就可算是一种专题报告。

作为一个初级工程师，测试是最基本的日常工作，因此需要具备编写 DT 测试报告的能力，DT 测试报告从内容上大体包括三部分：概述、测试结果和问题分析。

1）概述

测试报告的概述部分主要描述了本次测试的一些基本情况。主要有以下几点：

- 测试时间、地点、路线。
- 测试的内容：数据？语音？Ping 时延？如果是数据，具体是什么业务：FTP 上传？下载？HTTP？等等。
- 测试的方法：通常要按照测试规范进行测试。
- 测试采用的设备：要写明设备具体型号和软件版本等。

2）测试结果

测试结果主要以指标形式来体现本次测试的情况。最基本的指标是覆盖和质量。

- 覆盖：覆盖好坏主要通过覆盖率来衡量，通常运营商都会给出一个门限值。比如 LTE 网络覆盖率门限值为 RSRP$>=-110$ dBm。
- 质量：质量好坏主要看干扰。LTE 网络干扰门限值通常为 SINR$>=-3$ dB。

除了上述基本指标之外，还要一些其他指标来说明问题，常用的有：

- 用来评估网络中连接态用户持续性能的保持类指标，如：掉话率；
- 用来反映网络移动性能的移动类指标，如：同频切换成功率、异频切换成功率等；
- 用来反映用户成功接入到网络并发起业务概率的接入类指标，如：RRC 建立成功率、E-RAB 建立成功率等。

通常这些指标是基于对事件（Event）的统计而获得的。我们可以将事件理解成通信过程中的一些特殊点，由不同的信令（Message）来统计定义。通过对某些特定信令的统计而得到事件，然后经过对事件的统计计算得到相关指标。

测试结果统计完成后，还要对一些指标地理化。所谓地理化就是将需要的指标在地理图上显示出来，以实现直观可见的效果。经常要进行地理化的指标有覆盖（RSRP）、质量（SINR）、吞吐量（PCDP 层的 Throughput）等。测试软件通常都具备制作地理化视图的能力。

3）问题分析

问题分析是对本次测试中异常现象的分析。一个完整的问题分析一般包含：

- 现象描述：是对发生问题时测试情况的文字性描述。应交代清楚发生问题时的地点，占用哪个小区，当时的覆盖怎么样、质量好不好，发生了什么问题等。同时还应有事件发生时测试软件的截图，需要时还应适当标注说明。

· 问题分析：对发生该问题原因的专业分析，如有必要可以引用其他数据来源作支撑。

· 解决建议：对该问题的专业处理意见。

· 复测对比：是对前面问题分析及解决建议的验证反馈。前后对比验证问题是否得到了解决。

撰写网优报告需要注意如下问题：

（1）格式要规范，错别字要少。

（2）语言要流畅，用语专业。

（3）图文并茂，数据翔实。

（4）避免在报告中出现技术上的低级错误。

（5）解决建议要实际可行，可操作性强。

（6）事件分析思路清晰，逻辑性强。

（7）拿不准的问题如果可能尽量不在报告中体现，如果一定要体现要能自圆其说。

（8）用数据说话。对于一些需要增加硬件设备才能解决的问题，一定要有数据支撑。

（9）报告完成后应让相关负责人审核，听取相关人员意见。

（10）报告应在规定时间内提交，不可逾期。

思考与练习

1. 选择题

（1）LTE 上行采用 SC – FDMA 是为了（　　　　　）。

A. 降低峰均比　　　　B. 增大峰均比　　　　C. 降低峰值　　　　D. 增大均值

（2）LTE 下行最多支持（　　　　）个层的空间复用。

A. 1　　　　　　　　B. 2　　　　　　　　C. 3　　　　　　　　D. 4

（3）由于阻挡物而产生的类似阴影效果的无线信号衰落称为（　　　　）。

A. 快衰落　　　　　　B. 慢衰落　　　　　　C. 多径衰落　　　　D. 路径衰落

（4）以下哪种系统对 TD – LTE 的干扰最大？（　　　　）。

A. GSM900　　　　　B. DCS1800　　　　　C. PHS　　　　　　D. WCDMA

（5）LTE 为了解决深度覆盖的问题，以下哪些措施是不可取的（　　　　）。

A. 增加 LTE 系统带宽

B. 降低 LTE 工作频点，采用低频段组网

C. 采用分层组网　　　　　　　　　　　D. 采用家庭基站等新型设备

（6）下列哪种情形下可以进行无竞争的随机接入。（　　　　）

A. 由 Idle 状态进行初始接入　　　　　B. 无线链路失败后进行初始接入

C. 切换时进行随机接入

D. 在 Active 情况下，上行数据到达，如果没有建立上行同步，或者没有资源发送调度请求，则需要随机接入

(7) MIB 包括哪些网络的基本信息（　　　　）。

A. PHICH 资源指示

B. 系统帧号（SFN）

C. CRC

D. 使用 mask 的方式

E. 天线数目的信息

F. 下行系统带宽

(8) 以下哪些场景会触发 RRC 连接重建（　　　　）。

A. 切换失败

B. 无线链路失败

C. 底层完整性保护失败

D. RRC 重配置失败

E. 发起呼叫

(9) 在 LTE 系统中设计跟踪区 TA 时，希望满足以下哪些要求（　　　　）。

A. 对于 LTE 的接入网和核心网保持相同的跟踪区域的概念

B. 当 UE 处于空闲状态时，核心网能够知道 UE 所在的跟踪区

C. 当处于空闲状态的 UE 需要被寻呼时，必须在 UE 所注册的跟踪区的所有小区进行寻呼

D. 在 LTE 系统中应尽量减少因位置改变而引起的位置更新信令

2. 判断题

(1) MIB 和 SIB 均在 BCH 上发送。（　　　）

(2) E - UTRA 系统达到的峰值速率与 UE 侧没有关系，只与 eNB 侧有关系。（　　　）

3. 分析题

(1) 对于图 6 - 14 中所示的乒乓切换问题如何分析处理？

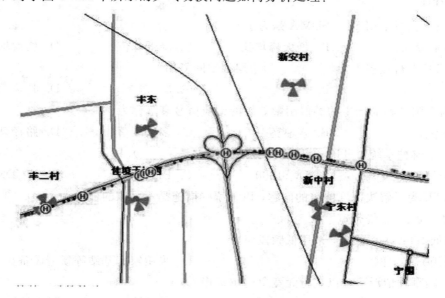

图 6 - 14　项目六分析题(1)

（2）图 6-15 所示的路段存在切换失败与掉线事件，同时下载速率低，分析原因提出解决方案（不考虑周边 PCI 与功率设置）。

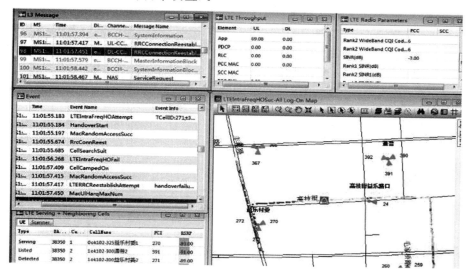

图 6-15　项目六分析题（2）

（3）图 6-16 所示的路段，测试过程中出现了什么异常事件？对于该问题应从哪些方面进行分析？

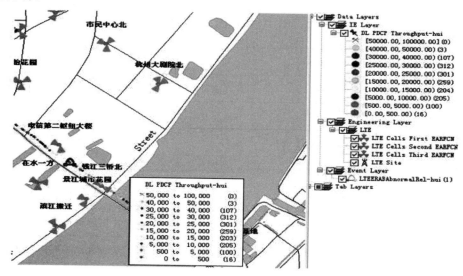

图 6-16　项目六分析题（3）

附录一 中英文对照表

英文简称	英 文 全 称	中文含义
3GPP	Third Generation Partnership Project	第三代合作伙伴计划
AISG	Antenna Interface Standard Group	天线接口标准化组织
APN	Access Point Name	接入点名称
ATU	Auxiliary Test Unit	辅助测试单元
AVI	Audio Video Interactive	音视频交错
ARM	Advanced RISC Machines	高级 RISC 机器
BBU	Base Band Unit	基带(处理)单元
BCH	Broadcast Channel	广播信道
BCCH	Broadcast Control Channel	广播控制信道
BSC	Base Station Controller	基站控制器
BLER	Block Error Rate	误(数据)块率
CBA	Cell Bar Access	小区禁止接入
CCE	Control Channel Element	控制信道粒子
CD	Compact Disk	光盘
CDD	Cyclic Delay Diversity	循环延迟分集
CDMA	Code Division Multiple Access	码分多址接入
CDF	Cumulative Distribution Function	累计分布函数
CINR	Carrier to Interference & Noise Ratio	载波与干扰和噪声之比
CMCC	China Mobile Communications Corporation	中国移动通信公司
CMMB	China Mobile Multimedia Broadcasting	中国移动多媒体广播
CP	Cyclic Prefix	循环前缀
CPU	Central Processing Unit	中央处理器
CQI	Channel Quality Indication	信道质量指示
CQT	Call Quality Test	呼叫质量拨打测试
CRS	Cell Reference Signal	小区专用参考信号闭合用户组

续表一

英文简称	英 文 全 称	中文含义
CS	Circuit Switching	电路交换
CSG	Closed Subscriber Group	闭合用户组
CSFB	Circuit Switched Fallback	电路交换回落
DCS	Digital Communication System	数字通信系统
DL	Down Link	下行链路
DM－RS	DeModulation Reference Signal	解调参考信号
DRB	Data Radio Bearer	数据无线承载
DSL	Digital Subscriber Line	数字用户线路
DSR	Dedicated Scheduling Request	专用调度请求
DT	Drive Test	路测
DwPTS	Downlink Pilot Time Slot	下行导频时隙
ECI	EnodeB Cell Identity	基站小区标识
eNB	eNodeB	节点 B
EPRE	Energy Per Resource Element	每资源粒子的能量
E－RAB	Evolved Radio Access Bearer	演进的无线接入承载
E－UTRA	Evolved Universal Terrestrial Radio Access	演进的通用陆地无线接入
FDD	Frequency Division Duplex	频分双工
FE	Fast Ethernet	快速以太网
FSTD	Frequency Switched Transmit Diversity	频率交换发送分集
FTP	File Transfer Protocol	文件传输协议
GBR	Guaranteed Bit Rate	保证比特率
GCI	Global Cell ID	全球小区标识
GERAN	GSM/EDGE Radio Access Network	2G/2.75G 的无线接入网
GIS	Geographic Information System	地理信息系统
GPRS	General Packet Radio Service	通用分组无线业务
GPS	Global Positioning System	全球定位系统
GSM	Global System for Mobile communication	全球移动通信系统

英文简称	英 文 全 称	中文含义
GUI	Graphical User Interface	图形用户界面
HARQ	Hybrid Automatic Repeat reQuest	混合自动重传请求
HSPA	High Speed Packet Access	高速分组接入
HTML	Hyper – text Markup Language	超文本标记语言
HTTP	Hyper – Text Transfer Protocol	超文本传输协议
ID	Identification	身份
IPRAN	IP Radio Access Network	IP 无线接入网
IMSI	International Mobile Subscriber Identity	国际移动用户识别码
KPI	Key Performance Indicator	关键性能指标
LAC	Location Area Code	位置区码
LAN	Local Area Network	局域网
LCD	Liquid Crystal Displayer	液晶显示屏
LTE	Long Term Evolution	长期演进/长期发展
MAC	Media Access Control	媒质接入控制
MCS	Modulation & Coding Scheme	调制编码方案
MEMS	Micro – Electromechanical Systems	微电子机械系统
MIB	Master Information Block	主信息块
MIF	MapInfo Interchange File	MapInfo 交互文件
MIMO	Multiple Input Multiple Output	多输入多输出
MMDS	Multichannel Microwave Distribution System	多信道微波分布式系统
MME	Mobile Management Entity	移动管理实体
MMS	Multimedia Messaging Service	多媒体消息业务
MOS	Mean Opinion Score	平均意见评分
MR	Measurement Report	测量报告
MSC	Mobile Switched Center	移动交换中心
NAS	Non – Access stratrum	非接入层
NMEA	National Marine Electronics Association	(美国)国家海洋电子协会

续表三

英文简称	英 文 全 称	中文含义
ODF	Optical Distribution Frame	光纤配线架
OFDM	Orthogonal Frequency Division Multiplexing	正交频分复用
OMC	Operation Maintenance Center	操作维护中心
OTA	Over The Air	基于空中的
PC	Personal Computer	个人计算机
PCCPCH	Primary Common Control Physical Channel	主公共控制物理信道
PCell	Primary Cell	主（服务）小区
PCI	Physical Cell Indentity	物理小区标识
PDCCH	Physical Downlink Control Channel	物理下行控制信道
PDCP	Packet Data Convergence Protocol	分组数据汇聚协议
PDF	Portable Document Format	便携式文件格式
PHICH	Physical Hybrid ARQ Indicator Channel	物理混合自动重传指示信道
PHS	Personal Handy – phone System	个人手持式电话系统
PMI	Precoding Matrix Indicator	预编码矩阵指示
PN	Pseudo – random number	伪随机码
PRACH	Physical Random Access Channel	物理随机接入信道
PRB	Physical Resource Block	物理资源块
PS	Packet Switching	分组交换
PSC	Primary Synchronization Code	主同步码
PSCH	Primary Synchronization Channel	主同步信道
PUCCH	Physical Uplink Control Channel	物理上行控制信道
PUSCH	Physical Uplink Share Channel	物理上行共享信道
QCI	QoS Class Identifier	业务质量等级标识
QoS	Quality of Service	服务质量
QPSK	Quadrature Phase Shift Keying	正交相移键控
RAB	Radio Access Bearer	无线接入承载
RB	Resource Block	资源块

英文简称	英 文 全 称	中文含义
RCU	Remote Control Unit	远程控制单元
RE	Resource Element	资源粒子
RF	Radio Frequency	射频
RI	Rank Indicator	(矩阵)秩指示
RTCM	Radio Technical Commision for Maritime services	海运事业无线电技术委员会
RRC	Radio Resource Control	无线资源控制
RRU	Remote Radio Unit	射频拉远单元
RS	Reference Signal	参考信号
RSRP	Reference Signal Receiving Power	参考信号接收功率
RSRQ	Reference Signal Receiving Quality	参考信号接收质量
RSSI	Received Signal Strength Indication	接收信号强度指示
SA	Sub – frame Allocation	子帧配比
SAE	System Architecture Evolution	系统架构演进
SDU	Service Data Unit	业务数据单元
SFBC	Space Treqancy Block coding	空频块编码
SFN	System Frame Number	系统帧号
SGW	Service Gateway	业务网关
SIB	System Information Block	系统信息块
SIMO	Single Input Multiple Output	单入多出
SINR	Signal – to – Interference – plus – Noise Ratio	信号与干扰和噪声之比
SMS	Short Messaging Service	短消息业务
SPS	Semi – Persistent scheduling	半静态调度
SRB	Signaling Radio Beaver	信息无线承载
SRS	Sounding Reference Signal	探测参考信号
SRVCC	Single Radio Voice Call Continuity	单无线(模式)语音呼叫连续性
SSC	Secondary Synchronization Code	辅同步码
SSCH	Secondary Synchronization Channel	辅同步信道

续表五

英文简称	英文全称	中文含义
SSID	Service Set Identifier	服务集标识
SSP	SpecialSub – frame Pattern	特殊子帧模式
TAC	Tracking Area Code	跟踪区域码
TAV	Tracking Area Update	跟踪区更新
TB	Transport Block	传输块
TCH	Traffic channel	业务信道
TCP	Transmission Control Protocol	传输控制协议
TDD	Time Division Duplex	时分双工
TD – LTE	Time Division duplex – Long Term Evolution	时分双工-长期演进
TD – SCDMA	Time Division – Synchronous Code Division Multiple Access	时分同步码分多址
TM	Transmission Mode	传输模式
TMSI	Temporary Mobile Subscriber Identity	临时移动用户识别码
TTI	Transmission Time Interval	传输时间间隔
UE	User Equipment	用户设备
UI	User Interface	用户接口
UL	Up Link	上行链路
UMTS	Universal Mobile Telecommunications System	通用移动通信系统
UpPTS	Uplink Pilot Time Slot	上行导频时隙
VoIP	Voice Over Internet Protocol	基于互联网协议的语音
VDP	Vser Datagram Protocol	用户数据报协议
USB	Universal Serious Bus	通用串行总线
UTRAN	Universal Terrestrial Radio Access Network	通用陆地无线接入网
WAP	Wireless Access Protocol	无线接入协议
WCDMA	Wide Code Division Multiple Access	宽带码分多址接入
WiMax	Worldwide Interoperability for Microwave Access	全球微波接入互操作性
WLAN	Wireless Local Area Network	无线局域网
XDR	X – Detail Record	某用户的详细记录
YAG	Yttrium Aluminum Garnet	钇铝石榴石

附录二　用车记录表

用车单位			
牌照号			
	年	月	日
出车时间			
收车时间			
出车公里数			
收车公里数			
当日出车公里数			
加油公里数			
加油金额			
司机签字			
用车单位签字			

用车单位			
牌照号			
	年	月	日
出车时间			
收车时间			
出车公里数			
收车公里数			
当日出车公里数			
加油公里数			
加油金额			
司机签字			
用车单位签字			

用车单位			
牌照号			
	年	月	日
出车时间			
收车时间			
出车公里数			
收车公里数			
当日出车公里数			
加油公里数			
加油金额			
司机签字			
用车单位签字			

用车单位			
牌照号			
	年	月	日
出车时间			
收车时间			
出车公里数			
收车公里数			
当日出车公里数			
加油公里数			
加油金额			
司机签字			
用车单位签字			

用车单位			
牌照号			
	年	月	日
出车时间			
收车时间			
出车公里数			
收车公里数			
当日出车公里数			
加油公里数			
加油金额			
司机签字			
用车单位签字			

用车单位			
牌照号			
	年	月	日
出车时间			
收车时间			
出车公里数			
收车公里数			
当日出车公里数			
加油公里数			
加油金额			
司机签字			
用车单位签字			

附录三　某地区联通公司色标规范

1. D-LTE 系统

（1）RSRP 色标规范。

RSRP 分布（dBm）	色标示例	色标名称	RGB
<−110		红色	255、0、0
[−110，−105)		粉红	255、0、255
[−105，−100)		玫瑰红	255、153、204
[−100，−95)		茶色	255、204、153
[−95，−90)		黄色	255、255、0
[−90，−85)		橙色	255、192、0
[−85，−80)		蓝色	0、0、255
[−80，−75)		青绿	0、255、255
[−75，−65)		鲜绿	0、255、0
≥−65		绿色	0、176、80

（2）SINR 色标规范。

SINR 分布（dB）	色标示例	色标名称	RGB
<−10		红色	255、0、0
[−10，−5)		粉红	255、0、255
[−5，−3)		玫瑰红	255、153、204
[−3，0)		茶色	255、204、153
[0，5)		黄色	255、255、0
[5，10)		蓝色	0、0、255
[10，15)		青绿	0、255、255
[15，20)		鲜绿	0、255、0
≥20		绿色	0、176、80

（3）FTP 下载色标规范。

5M 带宽	色标示例	色标名称	RGB	20M 带宽
[0，500)		红色	255、0、0	[0，2000)
[500，1000)		粉红	255、0、255	[2000，4000)
[1000，5000)		玫瑰红	255、153、204	[4000，15000)
[5000，10000)		黄色	255、255、0	[15000，35000)
[10000，20000)		蓝色	0、0、255	[35000，60000)
[20000，30000)		青绿	0、255、255	[60000，80000)
≥30000		鲜绿	0、255、0	>=80000

（4）FTP 上传色标规范。

5M 带宽	色标示例	色标名称	RGB	20M 带宽
[0，500)		红色	255、0、0	[0，1000)
[500，1000)		粉红	255、0、255	[1000，4000)
[1000，3000)		玫瑰红	255、153、204	[4000，10000)
[3000，5000)		黄色	255、255、0	[10000，25000)
[5000，8000)		蓝色	0、0、255	[25000，35000)
[8000，10000)		青绿	0、255、255	[35000，40000)
≥10000		鲜绿	0、255、0	>=40000

2. TD - LTE 系统

（1）RSRP 色标规范。

RSRP 分布	色标示例	色标名称	RGB
<-110		红色	255、0、0
[-110，-105)		粉红	255、0、255
[-105，-100)		玫瑰红	255、153、204
[-100，-95)		茶色	255、204、153
[-95，-90)		黄色	255、255、0
[-90，-85)		橙色	255、192、0
[-85，-80)		蓝色	0、0、255
[-80，-75)		青绿	0、255、255
[-75，-65)		鲜绿	0、255、0
≥-65		绿色	0、176、80

（2）SINR 色标规范。

SINR 分布	色标示例	色标名称	RGB
<－10		红色	255、0、0
［－10，－5）		粉红	255、0、255
［－5，－3）		玫瑰红	255、153、204
［－3，0）		茶色	255、204、153
［0，5）		黄色	255、255、0
［5，10）		蓝色	0、0、255
［10，15）		青绿	0、255、255
［15，20）		鲜绿	0、255、0
≥20		绿色	0、176、80

（3）FTP 下载色标规范。

FTP 下载分布	色标示例	色标名称	RGB
［0，2000）		红色	255、0、0
［2000，4000）		粉红	255、0、255
［4000，20000）		玫瑰红	255、153、204
［20000，40000）		黄色	255、255、0
［40000，50000）		蓝色	0、0、255
［50000，150000）		青绿	0、255、255
≥150000		鲜绿	0、255、0

（4）FTP 上传色标规范。

FTP 上传分布	色标示例	色标名称	RGB
［0，500）		红色	255、0、0
［500，1000）		粉红	255、0、255
［1000，5000）		玫瑰红	255、153、204
［5000，10000）		黄色	255、255、0
［10000，15000）		蓝色	0、0、255
［15000，80000）		青绿	0、255、255
≥80000		鲜绿	0、255、0

附录四 基站网络优化维修单

基站网络优化维修单					
维修人员			维修时间		
基站名称	铁塔类型	方位角调整	测量经纬度	俯仰角调整	天线调整
网优工作人员 确认签字					
代维公司 主管签字					
备注					